JN294891

口絵A　歌川広重「東海道五十三次」(1833年)より「日坂 佐夜ノ中山」(現静岡県掛川市佐夜鹿)。山中の木々はまばらで、マツしかない。地肌がむき出しの山も見える

口絵B　平尾魯仙「暗門山水観」(1862年)より「鬼河辺の郊野に薪材を積む図」。ブナ林で有名な白神山地に接した地(現青森県中津軽郡西目屋村)で、これほどの木材が伐り出されていた。近辺の山々に木は少ない(提供:青森県立郷土館)

口絵C　明治末（1910年ごろ）の集落と里山（現山梨県甲州市塩山）。村近くの山々は刈り尽くされ、マツの木が1本立つのみである（提供：東京都水道局水源管理事務所）

1954年

1967年

1988年

1993年

2008年

口絵D　小田原市「御幸の浜」の航空写真。1960年代以降は年を追って砂浜が減り、海岸線が後退している様子がわかる（「つながる心・つながる命」より）

森林飽和

国土の変貌を考える

太田猛彦

Ohta Takehiko

NHKBOOKS 1193

NHK出版【刊】

© 2012 Takehiko Ohta

Printed in Japan
［校閲］大河原晶子
［イラスト作成］原 清人、ノムラ

本書の無断複写（コピー、スキャン、デジタル化など）は、
著作権法上の例外を除き、著作権侵害となります。

まえがき

二〇一一年三月、東北地方沿岸をまるごと飲みこんだ大津波の姿を、私たちが忘れ去ることはないだろう。高田松原で一本だけ残ったマツは一時、復興の象徴となったが、破壊された家屋や押し流された漁船とともに、私たちに津波の強大な力と恐ろしさを印象づけるものでもあった。

高田松原は有名な観光地である。白い砂浜とマツ林の緑が美しい対照をなし、多くの人々の目を引きつけてきた。しかしこの「白砂青松《はくしゃせいしょう》」は高田松原だけの特徴ではない。京都の天橋立《あまのはしだて》もそうであるし、静岡の三保《みほ》の松原、佐賀の虹の松原と、日本中にマツを配した観光名所はたくさんある。白砂青松は日本の風景の基本的要素と言えるかもしれない。

これらの松原は、硬い言い方をすれば「海岸林」である。海岸林はマツ林だけをそう呼ぶのではないが、現在の日本の海岸林のほとんどはクロマツが主体である。日本人にとって見慣れたマツ林も、その起源をたどればそれほど古くはなく、戦国時代末期から江戸時代にかけて沿岸地域の人々がたいへんな苦労を重ねて造成したクロマツの林に行き着く。海岸のマツ林はれっきとした「人工林」なのだ。それ以来三百年かけて、砂浜を中心に日本の海岸線は緑の帯で覆われるようになった。そうでない海岸の大部分は、かつてあった緑を〝開発〟の名目で剝《は》ぎ取ったものである。

そもそもなぜ昔の人々には、苦労してまで海岸林を造る必要があったのだろうか。もちろん、海からの強風や塩分をふくんだ潮風を防ぐという機能は、今も昔も変わらず果たされているものである。これらと同じくらいか、それ以上に重要な機能に「砂を防ぐ」ということがあった。

「砂防林」という言葉を聞いたことがある方もおられるだろう。砂浜から砂が吹き寄せるのを防ぐための林、という意味は理解しやすいかもしれない。この砂を「飛砂《ひさ》」と言うが、この言葉をご存知の方はどれくらいいるだろうか。砂浜近くの駐車場の隅などで白い砂が吹きだまりになっている様子といえば誰でもすぐ思い浮かべられるだろうが、あの砂が飛砂（の小規模なもの）である。

かつて飛砂は、日本の海岸地域に住む人々に、現在では想像もできないほどの重大な被害をもたらすものであり、その量において今とは決定的な違いがあった。とくに山形の庄内地方ではその深刻さが語り伝えられており、「一夜にして家一軒を埋める」とも言われた。安部公房《あべこうぼう》が『砂の女』（一九六二年）の着想を得たというのはもっともなことであろう。日本全国でこうした飛砂の害に悩まされた人々が造り上げたのがクロマツの林だったのである。

しかし現在、飛砂の害は明らかに少なくなっている。飛砂など知らないという日本人が多いのも当然であろう。これは、海岸林が完成して砂が飛んでこなくなったからということよりも、もっと本質的な理由がある。本書が着目し、大規模な自然環境の変貌を考えるための糸口とするのも、この理由である。すなわち、飛砂の害が少なくなったのは海岸林が砂を防いでいるからだけではなく、そもそも飛砂の発生量が減ったからというのが理由であり、なぜ減ったのかという原因を考えていくと、砂浜からは遠く離れたところで、日本の自然環境に大きな変化が起きているという現実に突きあたるのである。それだけではなく、この変化はたった数十年の間に起きた、急激でしかも劇的なものであると、私は考えている。

都市や農村の変化、家族や地域における人間関係の変化なら、私たちは比較的よく知っているかもしれない。しかし日ごろ意識しにくい海岸や河川や山地といった国土の変化についてはどうだろうか。それも、国土の歴史からすれば短時間とはいえ、数十年というスパンで変化を実感するのは、私たち一人一人にとっては難しいことだろう。

ここにこそ本書のねらいがある。かつての国土の変遷を実感をもって把握し、なおかつその後の国土の変貌をも知るならば、飛砂の減少を生んだ山地・森林の変化がほかにも国土のさまざまな面に影響を与えていることを、統一的に理解できるようになるだろう。

たとえば、日本全国の砂浜海岸で砂が減り、砂浜の幅が狭くなる事例が報告されている。以前から砂浜が消えることはよく話題になった。原因は地盤沈下だとか、川の上流にダムをつくったからだとか、護岸工事や港湾整備をやりすぎたせいだとか、突堤《とってい》やテトラポッドのような人工物を設置したためだとか、玉石混淆《ぎょくせきこんこう》の議論がなされており、ご存じの方も多いだろう。しかしこれらがいずれも見落としているのが、より根源的な環境である山地・森林の変化なのである。

二十世紀に起こり、今も静かに続く国土の変貌とは何か。それは一言で言うならば〝森林の飽和状態〟である。私たち現代日本人は、列島の歴史上かつてないほど豊かな緑を背景にして生きているという事実を知らなければならない。ひところ「自然破壊」という言葉によって「日本の自然が破壊されている」というイメージが一般に定着した。このイメージからそろそろ私たちは脱却せねばならない。日本の〝自然〟は今、いわば飽和状態にあるのだ。これは「自然がたくさんあるから問題ない」ということを意味しない。私たちが「自然を大切に」しようと考えている間に、海岸林でも、里山でも、スギの人工林でも、人里離れた奥山でも、〝新たな荒廃〟という問題が起きてしまったのだ。日本列島における森林は一千数百年来、人間の活動から直接的に影響を受けており、現に受け続けているのである。

本書は、人間と森林の関係をたどりなおすことによって、二十世紀後半に起きた大変化を根本から理解し、経験したことのない「森林の時代」である二十一世紀において、私たちが自分の住む国土をどう創造していくのかを考えるためのものである。国土の管理は決して行政だけの仕事ではない。森林から河川、海岸をふくめた国土環境は文字どおり私たちのものであり、影響を与える人間の一人としてかかわりをもつ必要がある。将来の日本の国土、ひいては持続可能な社会を形成するうえで、本書がその一助となれば幸いである。

なお執筆に際しては可能な限り理解しやすい文章になるよう心がけたが、水の流れや山崩れの物理的な解説においてはいくぶん専門的な議論になった箇所もある。国土環境を正確に理解するうえで不可欠と思われたためこのような記述となったことをご諒承いただきたい。

目次

第四章　なぜ緑が回復したのか——悲願と忘却　119

第五章　いま何が起きているのか――森林増加の副作用　149

第一章●海辺の林は何を語るか——津波と飛砂

一　津波被害の実態

林がそっくりなくなった

二〇一一年三月十一日の東北地方太平洋沖地震は、とくに深刻な二つの災害をもたらした。一つは福島第一原子力発電所の事故である。廃炉作業と放射能汚染地域の除染は、私たち日本人にとって、ひいては人類にとっても、次世代まで引き継がれる重い課題となった。

もう一つは、二万人近くもの痛ましい犠牲者を出した巨大津波だろう。三陸海岸はもともと津波災害の多い地域である。明治時代以降でも明治三陸津波（一八九六年）、昭和三陸津波（一九三三年）、チリ地震津波（一九六〇年）のそれぞれが甚大な被害をもたらしている。そのため、三陸地方の人々は津波災害への備えを怠ってはいなかった。釜石湾の湾口には海底からの高さ約六十メートルに達する世界最大の防波堤が築かれていたし、宮古《みやこ》市田老《たろう》地区には高さ十メートルの防潮堤が二重に築かれていた。しかし、巨大津波はそれらを破壊し、あるいは軽々と乗り越えて、人々と市街地を襲った。そして、多くの犠牲者を出し、市街地は跡形もなく消え去った。

八戸、釜石、気仙沼、石巻など沿岸諸都市の近代的な港湾施設や工場、市街地、さらには多くの漁村、そして住宅地までが徹底的に破壊された。私たちは科学技術と大量の資源を投入して築いてきた現代の防災システムがもろくも崩れ去るのを目の当たりにしたのである。このように大きな犠牲を払って私たち日本人は「科学技術の力で自然災害を防ぐことができる」という「防災」という幻想を捨て、自然に対してもっと謙虚になること、すなわち「被害を減らすことはできるが、完全に防ぐことはできない」という「減災」の考え方を学んだ。

津波が通過した市街地には鉄筋コンクリートや鉄骨構造の建物だけがかろうじて残り、木造住宅の類はことごとく流失していた。震災の直後にこれを見たある高名な建築家が「やはり木造住宅はダメだ」と言ったとの報道があった。しかし、コンクリートの建物であっても三階、あるいは四階まで内部は破壊されていた。単に建物の外形が維持されたに過ぎない。コンクリートの建物も同様に「ダメ」だったのである。津波のあとも「やはり木の家に住みたい」と言う被災者は多い。物事の評価は多様な面からなされる必要があるだろう。

被災地の中でもう一つ人々の印象に残った光景は、破壊された海岸林の姿だった。とくに陸前高田市の高田松原に残った一本のマツの木は「奇跡の一本松」として早くからマスコミに取り上げられ、被災地の復興の象徴のように扱われた。

高田松原には江戸時代の一六六六（寛文六）年以来、仙台藩士山崎平太左衛門、豪農菅野杢之《もくの》助《すけ》らによって植えられ、その後も人々が護《まも》り育ててきた七万本のマツの木があった（佐々木松男（二〇一一〕)。それは三百四十年にわたって維持され、いく度となく襲ってきた津波に耐えたほか、強風や「飛砂《ひさ》」、塩害から農地や市街地を守り、夏は海水浴、春や秋は散策やジョギング、そして冬は美しい雪景色として陸前高田の市民に親しまれてきた。また、近年は開発計画やマツクイムシの脅威にさらされた時期もあったが、その価値が文化財としてまた生物多様性保全の意味からも評価され、二〇〇六年以降は「高田松原を守る会」などの地域の人々によって組織的に護られてきた。しかし、平成の巨大津波によって、マツはわずか一本を残してことごとく幹折れ(後述)し、流失してしまった。

高田松原に限らず青森県から千葉県までの海岸で海岸林の破壊、損壊が起こり、場所によってはその一部が流失して見る影もなくなった。地盤沈下により海水に浸かったままの農耕地もふくめて、その光景から人々は巨大津波の猛威を改めて実感したのである。

マツも「被災者」

津波による浸水区域の広さは青森県から千葉県までの六県で合計五百六十一平方キロメートル、そのうち農耕地及び森林地域はほぼ半分の二百八十平方キロメートルを占めた。浸水の範囲は仙台平野などの平野部で海岸線から五キロメートル以上内陸にまで達しており、図1-1に示すように、津波の規模は八六九(貞観十一)年の貞観地震津波に勝るほどの規模であったことがわかる。

林野庁の調査によれば、海岸林の浸水区域は青森、岩手、宮城、福島、茨城、千葉の六県で約三

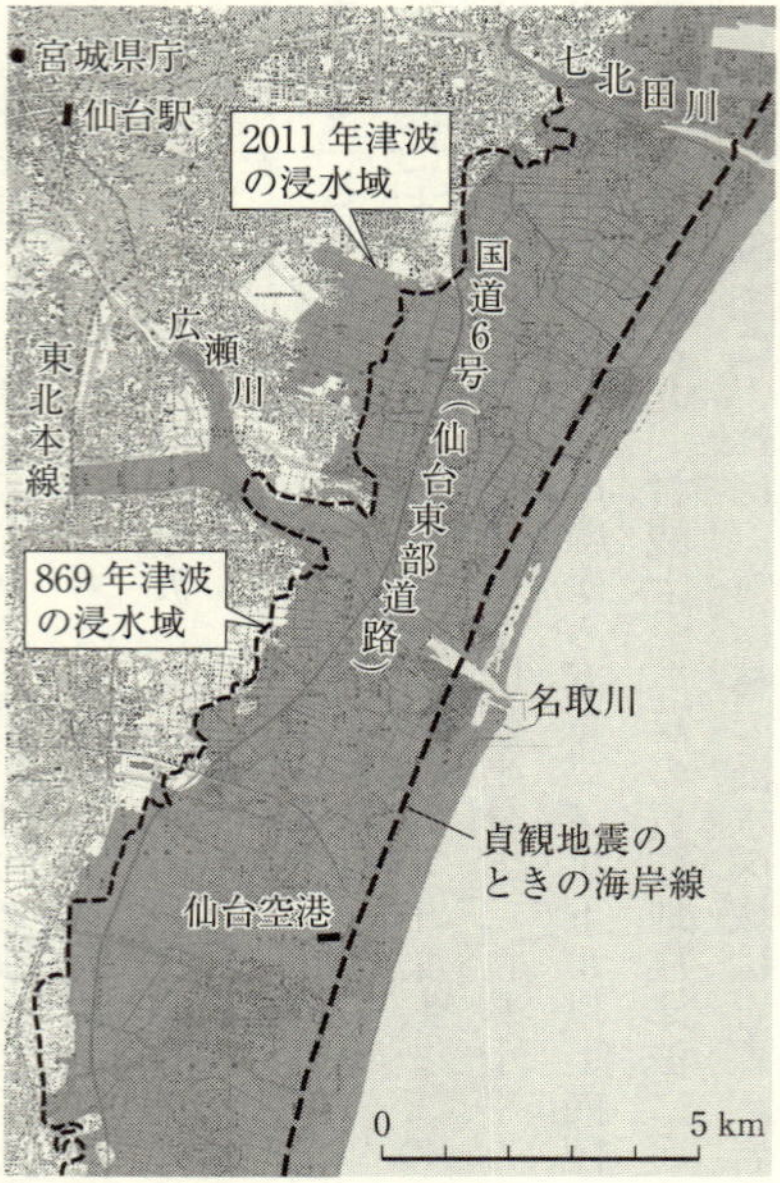

図 1-1　869 年貞観地震津波と 2011 年東北地方太平洋沖地震津波の浸水域の比較。海岸線沿いの破線は 869 年当時の推定海岸線（宍倉正展〔2011〕ほかより）

千六百六十ヘクタール（三十六・六平方キロメートル）。空中写真などを用いて流失・水没・倒伏《とうふく》（後述）状況を判読した結果、被害率区分（損傷を被った部分が全体の何％を占めるか）が七五％以上という地域が約三割、同二五—七五％が約二割強で、とくに岩手、宮城、福島の三県で甚大な被害が出ていた。こうした海岸林のうち、飛砂防備・防風・潮害防備・防霧の四種類の保安林に指定されているものは海岸防災林と呼ばれているが、二百五十三カ所、被害面積千七百十八ヘクタールで甚大な被害を被っていた（二〇一二年一月現在）。海岸林の被災状況を図1－2に示す。

これらの被害の中には津波による直接の被害だけでなく、地震発生時に起こった地盤沈下（牡鹿《おしか》半島で最大一・二メートル）や液状化が被害を助長したものもある。高田松原でも当時付近にいた人の中に液状化で砂が噴出するのを目撃した人がいたとの報告がある。

なお、海岸林の被害は海岸林だけではない。海岸林の前面（海寄り）に巨大なコンクリート製の防

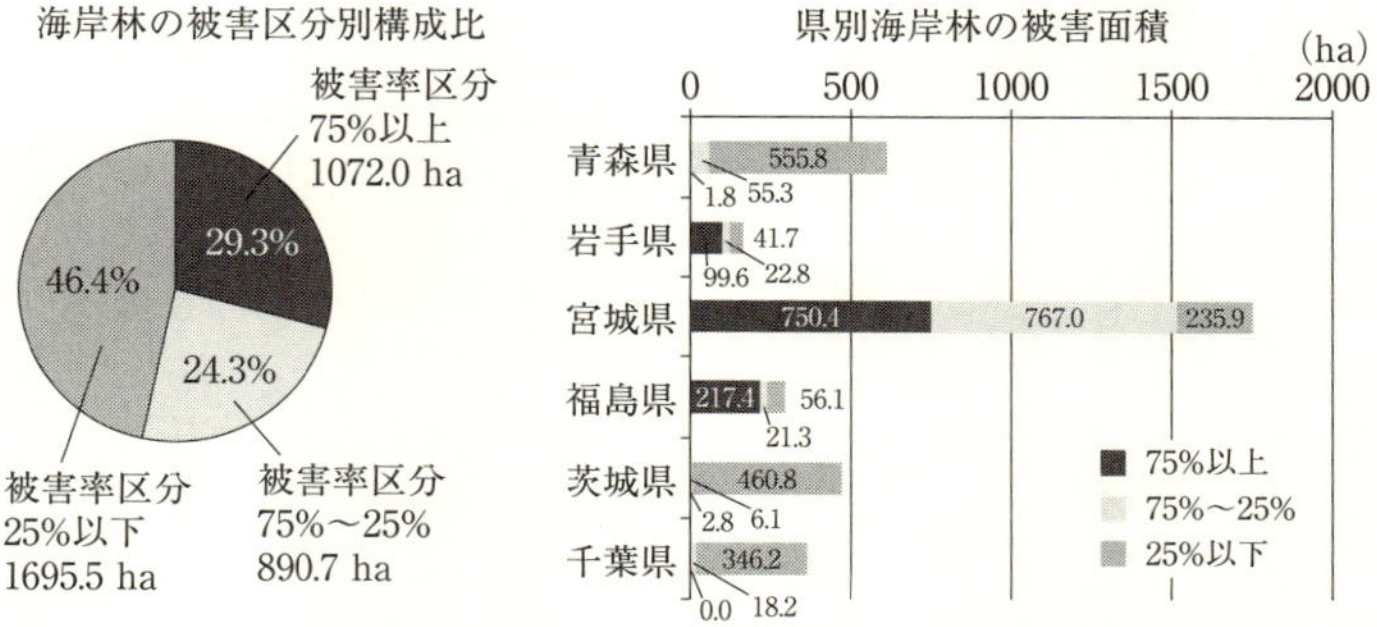

図 1-2　海岸林の被害率区分別構成比と県別海岸の被害面積（東日本大震災に係る海岸防災林の再生に関する検討会〔2012〕より）

潮堤など防災施設が設置されているところが多かったが、これらの施設も岩手、宮城、福島の三県では大部分が破壊され、無残な姿をさらした。この津波のエネルギーがいかに厖大《ぼうだい》であったかを示すものと言えるだろう。

倒れた木と倒れなかった木

現地での観察と二、三の報告を参考に、海岸林の被害の状況をもう少し詳しく見てみよう。

東北地方の海岸林はクロマツとアカマツで構成されるマツ林が大半である。壮齢（およそ三、四十年以上）のマツ林が樹高を超える津波に襲われた場合、通常は幹折れ（幹から折れてしまうこと）し、樹冠《じゅかん》（枝や葉の茂る樹木の上部）は流失してしまう（写真1－1）。高田松原の被害はその典型的な事例である。砂地にしっかりと根を張った太いマツの場合でも樹冠に及ぼす津波の衝撃力（流体力）に幹が耐えるのは難しく、幹折れしてしまう。この場合、根こそぎ流失する例はむしろ少ない。津波によって十万人近くの被災者が出たように、生物であるマツの木は全力で踏ん張ったが巨大な自然の外力には勝てず、被災〝木〟になったと言えるだろう。

津波の浸水深（地表面からの津波の高さ）が樹高を超える場合でも若齢（十―三十年）のマツ林では幹折れが起こらず、倒伏（根から倒れ曲がること）の形をとることが多い。若いマツ林では幹がしなやかであり、折れることなく全体的に押し倒される（写真1－2）。仙台平野の海岸や青森県、茨城県の海岸では若いマツ林も多く、このような被害が多数報告されている。しかし、これらの倒伏したマツもまもなく枯死し、自力で立ち直るものは少ないように観察された。

幼齢（十年まで）のマツ林にも倒伏は多いが、この場合は〝ヤナギに風〟の論理で立ち直るものもあるようだ。他方、根が浅いため砂地の侵食によって根こそぎ流失し、跡形もなくなっているところもある。

海岸林の被害状況を観察していてもっとも気がかりだったのは、壮齢のマツ林でありながら根返り（後述）したものや、その後津波によって樹木全体が流失したと思われる窪地が多数見られる場所があったことである（写真1－3）。そのような場所では幹折れや倒伏した樹木、あるいはそれらを免れて生存した樹木も存在する。そして、多くの場合、窪地を中心に水がたまっており（湛水《たんすい》）、一見して地盤が低く、したがって地下水面（地中の水面。この面より下の土は水に満たされ、空気をふくまない）が高いことがわかる。さらに、そのような場所は汀線《ていせん》（海と陸の境界線）やそれに続く微高地（海岸砂丘）から内陸に向かって少し離れた場所で、戦後造林したマツ林であることが多く、中には湛水している場所もあった（写真１－４）。

根返りとは、通常は台風などの強風による森林災害の際に見られるもので、樹木が押し倒されて根の大部分（根鉢《ねばち》）が地上に浮き上がった状態をいい、根系《こんけい》（植物の根全体）の発達が悪い場合に発生しやすい。災害後に実施された、根返り木や湛水地に残った立木の根系の調査で、根鉢の中心にあって通常は鉛直方向に二メートル以上伸びるはずの「垂下根」の発達が悪く、津波の流体力に対していわば根が踏ん張っていられず、押し倒されて根返りを起こしたことがわかった（写真１－

写真 1-1　幹折れ（提供：坂本知己氏）

写真 1-2　倒伏

写真 1-3　根返り・流失

5、1-6）。これは、砂丘の上など地下水面が低く乾燥気味の土地を好むマツが地下水面の高い場所に植えられたため、垂下根の発達が妨《さまた》げられた結果である。実はこのことは今回の津波のあと、根返りしたマツが流木化したこともあって、「マツはそもそも根が浅くて流されやすいのが欠点であり、一部の広葉樹ならそんなことはない。だからマツではなく広葉樹を植えるべきだ」という論調を生んでしまったようである。しかしこれは「やはり木造住宅はダメだ」と言われたのと同じ単純すぎる議論である。

写真 1-4　湛水したマツ林

写真 1-5　根返りしたマツの根。垂下根の発達が悪く根鉢が扁平（提供：坂本知己氏）

写真 1-6　踏ん張ったマツの根。根系の発達がよく、垂下根が侵食された砂地の下まで伸びている（提供：国土防災技術〔株〕）

写真1－6に示すように、もともとマツは深根性の樹種である。この写真のマツの場合、津波は砂浜を深さ二メートル近く侵食したにもかかわらず、垂下根はしっかりと地中深くまで根を伸ばして踏ん張っている。マツは根が浅いということはない。つまり技術的には、既存の知見を援用して注意深く植栽していれば、根返りによる被害は避けられた可能性があった。非常に惜しいことである。

第六章を先取りして言えば、私は海岸林の一部に広葉樹を植えることには反対しない。しかしそれが、ここに広葉樹を植えていたら根がもっと深く張っただろうとか、流されなかっただろうとかいう単純な発想であれば賛成できない。砂浜海岸での広葉樹の植栽は実績が少ない。高齢に達したときのナラ枯れなどの病虫害も怖い。したがって、植栽に莫大な資金のかかる海岸林造成においては、現時点では実績のあるクロマツを中心に考えていく必要があると思う。

マツ林の被害を助長した要因はほかにもある。防潮堤や護岸などの防災施設が壊れてできたコンクリート片や小型船舶などが漂流・衝突してきたこと、あるいは「引き波」や（狭い海岸低地の背後にある海岸段丘からの）「反射波」による内陸側からの潮の流れ、高田松原で見られた地震発生時の地盤沈下や液状化などである。

こうして海岸林は甚大な被害を受けたが、損壊し流失した樹冠や幹、あるいは樹木全体が流木となって、ほかの樹木や内陸の家屋や農業施設などに被害を与えた事実も冷静に分析する必要がある。しかしながらこの方面の調査はあまり進んでいない。今後、強靭《きょうじん》な海岸林を造成することが重要なのは、海岸林そのものの被害の軽減、津波による内陸の被害の軽減の観点だけでなく、海岸林の流木化を防ぐという意味でも重要であることを強調しておきたい。

なお、マツ以外にも海岸林を構成する樹種がある。すなわち、津波の浸水を受けた場所でもやや内陸にはスギやヒノキ、広葉樹が存在する。それらの被害についての報告は少ないが、生き残ったものもあるとはいえ、大部分が褐変《かっぺん》（病気などで褐色になること）・枯死した模様である。今後調査が進むことを期待したい。

津波にも耐えたマツ

ところで、津波の浸水深が十メートル程度以下、あるいは樹高程度以下の場合、損壊を免れて生き残っているマツも存在する。何が損壊を決め、何が生き残りに寄与したのかを分析しておくことが肝要である。そのような海岸林は青森県や茨城県、あるいは岩手、宮城、福島三県の広い海岸平野や津波の進行方向に対して島影になった海岸に存在した。そして、そのような海岸林での調査結果からおおよそ以下のような事実が明らかになった。

まず、根張りの堅牢なマツで幹の太いものであることが幹折れを免れる条件の一つである。胸高（地上から一・二メートル）での直径が三十センチメートルを超えると残存するものが多かった。マツの成長は緩やかなので、そのような条件を満たすマツ林は相当の林齢に達しているはずである。浸水深が樹高程度の場合、枝下高《えだしたこう》（地表から一番下の枝までの高さ）が高いほど残存率が高くな

左：写真 1-7　枝下高の高い木、右：写真 1-8　樹高の低い木（提供：坂本知己氏）

る。一般にマツ類などの針葉樹は、（林縁《りんえん》部のものを除いて）成長するにつれ下枝から順に枯れていき、葉のついた樹冠部分は幹の上部に移行する。枝下高が高いと津波は林内を容易に通過するようになり、津波の流体力を受けにくくなって損壊を免れる。しかしそれは他方で海岸林の津波エネルギー軽減効果（後述）を減らしてしまうことにもなる（写真1－7）。

また、汀線に面する海岸林の林縁は塩分を多量にふくむ潮風や強風の影響で成長が悪く、汀線に近づくにしたがい樹高が徐々に低くなって灌木《かんぼく》（背丈の低い木で、幹と枝の区別がつきにくいものの総称。低木。ツツジやヤツデなど）や草本《そうほん》（草）の海浜植物帯に移行する。そのような場所ではむしろ樹高が低く樹冠が密で完全に閉鎖している森林ほど津波をやり過ごすことができ、生き残る可能性が高い（写真1－8）。そしてこの林帯がそれより陸側の森林を保護しているのである。

なお、幹折れや根返りなど津波の直接の被害を免れたものでも損傷の激しいものの中には、その後に葉が褐変し、枯死したものがあった。高田松原の一本松の場合も樹木医グループによる懸命の保護対策も実らず、被災後九カ月を経て枯死は避けられないと判断された。この場合は、七十センチメートルほどの地盤沈下によって地下水面が相対的に上昇し、いわゆる塩水害によって根が衰弱したものと推定される。

二　津波を「減災」したマツ林

マツ林には〝実績〟があった

一方で、海岸林が津波の被害を軽減する効果は昔から知られている。今回の津波においてもその効果があったことが明確になった。ここでそれを整理しておこう。

まず、明治時代以降の調査や観察の記録を総括した結果として以下のような事例がある（林野庁が設置した「東日本大震災に係る海岸防災林の再生に関する検討会」〔津波検討会〕の報告書）。

昭和三陸津波（一九三三年）の際、前節でもとりあげた高田松原で、密な林の中の家屋は床下浸水程度で大きな被害はなかったが、展望を良くするために前面の林を切り開いてしまっていた箇所では、家屋が全壊してしまった。また、チリ地震津波（一九六〇年）の際、優良な防潮林の中にあった家屋は小破壊にとどまったが、地盤の低い湿地で極端に疎開（樹木どうしの間隔がまばらな状態）した林帯の背後では、家屋が全壊・流出の被害を受けた。

日本海中部地震（一九八三年）の際、秋田県能代《のしろ》市大開《おおひらき》で、高さ五メートルの前砂丘を乗り越えた津波が、幅百五十メートルのクロマツ防潮林を通過し、さらに百五十―二百メートル内陸まで侵入した。このとき、津波の高さは林の手前で二、三メートルだったものが、林の直後で七十センチメートルに減少したと推定される。

南海地震（一九四六年）の津波の際、和歌山県広川町《ひろがわ》のクロマツ林が百五十トンもの木造船の移動を阻止し、後方の中学校に衝突するのを防いだ。また、チリ地震津波の際、岩手県宮古市赤前《あかまえ》海岸で十トン前後の動力船六隻が林帯幅の八〇％をなぎ倒したが、後方の数列で阻止された。

海岸（防災）林の基盤である砂丘が津波に対する障壁となって海水の侵入を阻止した例としては、日本海中部地震津波の際、秋田県三種《みたね》町釜谷から八峰《はっぽう》町滝《たき》の間《ま》にかけての約三十キロメートルの海岸が十メートル前後の津波に襲われたが、この沿岸には海岸線に並行して高さ十メートル前後の砂丘が走っており、住宅は良好な防潮林に覆われた砂丘の背後にあったため、津波に直撃された集落は一つもなかったという例や、同じ津波の際、八峰町横長根《よこながね》下では最大波高十二・六メートルを記録し、津波は竹生川《たこう》に沿って汀線から一キロメートル内陸にまで侵入したが、竹生川に隣接する砂丘ではクロマツ林によって水勢が殺《そ》がれ、砂丘の後方百―百五十メートル程度のクロマツ林内にとどまった例がある。

一方、二〇一一年三月十一日の東北地方太平洋沖地震津波についての調査や信頼できる情報からは、以下のようなことが判明した。

今回の津波においては、壊滅的被害を受けた海岸林も多いが、津波エネルギーの減衰効果、到達

写真1-9　津波エネルギーの減衰効果。右奥が海。海岸林背後の家屋は浸水しながらも流失を免れた（提供：青森県）

の遅延効果が見られた事例がある。写真1−9は前者の例である。このような効果は被災した海岸防災林においてもあったものと考えられる。また、林帯が残った海岸防災林では、漂流物を捕捉し、林帯の背後にある人家への被害を軽減した事例も報告されている。

たとえば、青森県八戸《はちのへ》市市川町では、六メートルを超える津波に襲われ、二十隻を超える船が木々をなぎ倒したが、すべて林帯で捕捉され、背後の住宅地への侵入が阻止され、また背後の住宅地は三メートル以上浸水したが流出はしなかった例や、岩手県普《ふ》代《だい》村の普代浜では高さ十五・五メートルの防潮堤を越える津波に襲われ防潮堤より海側の海岸防災林は壊滅的な被害を受けたものの、防潮堤の内側の海岸防災林がコンクリート片などの漂流物を捕捉して、市街地での被害を防いだ例が報告されている。

また、仙台市若林区は九メートルを超える津波に襲われ、海岸林に甚大な被害が発生したが、林帯の背後にあった住宅が原形をとどめていた例や、いわき市新舞子では七メートルを超える津波に襲われたが、林帯により自動車などを捕捉し、林帯の背後の農地への流入を防いだ例が報告されている。

津波を弱め、遅らせる

これらの事例に加え、私も委員を務めた同津波検討会での討議内容などを勘案すると、海岸林の津波被害軽減効果は以下のようにまとめられる。

まず海岸林はその地上部、とくに樹冠部で津波のエネルギーを減衰させ、その破壊力（流体力）を低下させる。また、その結果として流速を低下させ、津波の内陸への到達時間を遅らせる。後者は人々が避難する時間を稼ぐ効果があり、今回の津波では海からそのまま侵入した津波と海岸林帯を通過した津波との内陸へ向かう時間差（進行速度の違い）が多くの映像に記録された。

もう一つは、海岸林が漂流物を阻止し、捕捉することにより、林帯の背後にある家屋などへの漂流物の衝突、いわば津波の二次的被害を軽減させることである（写真1－10）。また、津波に流された人がすがりついたり、引っかかったりする効果も考えられる。海岸林そのものではないが、流された人がマツやそのほかの木にすがりついて助かった話は、今回の津波でもいくつか聞いている。

さらに、海岸砂丘の上にある海岸林に見られるように、津波被害（津波エネルギー）軽減効果は地盤が高くなるとその効果も高まる。つまり、海岸林と地盤高（基準面からの地盤の高さ、この場合は標高）の共同効果である。また、防潮堤との共同効果も見られる。本来、防潮堤は津波が乗り越えるのを阻止するものであるが、防潮堤が破壊されなければ、津波エネルギーが減殺されることにより海岸林の負担が減り、そのぶん被害が軽減される。

写真 1-10　漂流物の捕捉（提供：上：坂本知己氏，下：八戸市森林組合）

一方、海岸林の管理方法や造成方法を改善することで、被害軽減の効果を高められることも明確になった。すなわち、林帯幅を広くすれば、効果の積み上げにより内陸での被害軽減効果が高まる。また、海岸林の汀線からの距離（または林帯内での位置）や地盤高などを考慮して植栽密度やその後の維持管理方法、たとえばあまり行われてこなかった間伐や枝下高管理を導入すれば、津波被害軽減効果を高められる可能性がある。

右の結論は基本的には従来考えられてきたものとくに異なるものではない。しかし、今回の津波を経て、近年発達してきた各種リモートセンシング調査（人工衛星や航空機から電磁波を発し、地表からの反射波を計測する遠隔探査）や数値シミュレーションを駆使した物理的解析によっても確認されており、これまで以上に信頼性が高まった。あえてまとめるならば、海岸林の津波エネルギー軽減効果はおおむね浸水深十メートルを切ると何らかの効果が現れ、同三メートル以下で効果は大きくなる。つまり海岸林は浸水深十メートルまでの津波に対して、それぞれの津波の規模に応じた被害軽減効果を発揮できることが明らかになったのである。

つまり、海岸林の防災機能として、従来の防風、飛砂防止、塩害防止、高潮防止、防霧などに加え、津波被害の軽減という重要なはたらきが明確に認められることになった。

なぜ海岸林の再生が必要なのか

今回の災害の直後、海岸林を失った地元の人から「今まで気にもかけていなかったが、海岸林がなくなったら海がすぐそこにあって、とても怖い。早く再生して欲しい」という声を聞いた。静かな海は人々に安らぎや豊かさを与えるが、ひとたび荒れると高潮や塩害を、そして大震災に際しては恐ろしい津波を引き起こして人々を襲う。海岸林はそれらに立ち向かうとともに人々に安心感を与えていたのであろう。

一方、海岸から少し離れ、津波の被害は比較的軽微にすんで、今もそこに住み続けている人々からも、海岸林の再生を切実に望む声が上がった。彼らは海岸林がなくなって初めて、海からの直接の潮風が洗濯物をべたつかせてしまうことを知ったのである。海岸林に護られていた地元の人々でさえ、海岸林の防災機能を忘れかけていたことがわかる。

被災した人々の要望を聞くまでもなく、強風や飛砂の害、塩害、ときには高潮の害など、いわば通常頻繁に起こる海岸地域の災害を防止するためにも早急に海岸林を再生する必要がある。

一方、政府は今回の津波災害の教訓として、大自然災害を完全に封ずることができると考えるのではなく、災害時の被害を最小化する「減災」という考え方を打ち出した。しかし、山地の土砂災害を扱う治山・砂防の分野では、これまでも防災教育やハザードマップの整備などのソフト面を重視してきている。これは性格上、防災よりも減災に近い考え方である。洪水氾濫や水災害を扱う河川・海岸の防災分野では、土木構造物への過信があったのではないか。確かに今回の災害の規模の大きさと深刻さは私にも想定外のものであったが、私が参加する「浅間ハザードマップ検討委員会」では、浅間山の過去最大の活動レベルに備えることを目的とした議論がすでに始まっていた。政府が今後の津波対策として「減災」の考え方にもとづき「逃げる」ことを前提としてソフト・ハードの施策を総動員するとしたのは当然のことである。そして、津波災害の「多重防御」の一翼に防災林も活用するという宣言がなされたのは、各種復興関連会議の結論をまつまでもなく、日本人の大半が海岸林には津波を減災する機能が備わっていることを知っていたことに由来するだろう。「減災」という考え方は、山崩れなどの土砂災害の軽減もふくめて、森林の防災機能の特徴を表現するのにふさわしい言葉である。海岸林の機能は、これまで防潮堤などに求められていた完全な防災という機能に比べると、もともと減災的に発揮されるものなのである。

結局のところ、津波災害の減災を考慮し、強風害、飛砂害、潮害《ちょうがい》などの通常災害に対して優れた減災機能をもつ海岸林の再生が急務ということである。そのためにはどのような海岸林を造れば良いのだろうか。それを明らかにするためには、長らく人々に忘れられていた観のある海岸林というものを見直し、理解する必要があるだろう。

三　なぜ海岸にはマツがあるのか

美観にマツあり

日本人なら誰でも、三保《みほ》の松原《まつばら》や天橋立《あまのはしだて》など、砂浜海岸に映える美しいマツ林を知っている。東北地方の風の松原や高田松原から九州地方の虹の松原や吹上浜《ふきあげはま》まで、「白砂青松《はくしゃせいしょう》」と言われるように海岸林には圧倒的にマツ林が多い。そういえば丹後《たんご》の天橋立とともに日本三景と呼ばれる陸奥《むつ》の松島や安芸《あき》の宮島《みやじま》もマツが主役をなしている。大部分の日本人にとってマツ林以外の海岸林は思い浮かべられないだろう。

通常、潮風、飛砂、砂地、乾燥といった砂浜海岸特有の環境に育つ森林群落を「海岸林」というが、広義には磯浜（岩や石からなる浜辺）の森林もふくめていうようである。「海岸から内陸に向かって塩分をふくむ潮風の影響が及ぶ範囲に成立する森林」と言ってもよい。これまでもたびたび触れたように、海岸林は強風害、飛砂害、潮害などの災害に対して優れた防災機能を発揮している。

「海岸林」という用語は、もともとは海岸にある防災保安林に対して使われたものである。

ここで、海岸で発生する自然災害についてごく簡単に触れておこう。まず、海岸での強風の害は容易に想像できる。その強風によって砂が飛ばされ、海岸近くの農地や住宅に降り積もる「飛砂」の害は砂浜海岸に特有のものである。また、海が荒れて波頭が立っているときに塩分をふくむ海水の飛沫が強風に乗って内陸に運ばれ、農作物や電線などに付着して起こる塩害（潮風害）も厄介な災害である。塩害と、台風などで発生する高潮《たかしお》の害、地震による津波の害は、まとめて潮害と呼ばれる。さらに、北海道などでは冷たい海霧が内陸に侵入して低温をもたらす霧の害も発生する。

これらの災害を防止する海岸林の機能は昔から知られており、多くの海岸林が保安林に指定されている。保安林とは、国民の安全あるいは福祉のためにとくに保全すべき森林を指定して伐採を禁止あるいは制限し、代わりにその森林の所有者を税金面などで優遇する制度で、全部で十七種類の保安林がある。このうち、飛砂防備、防風、潮害防備、防霧の四種類の保安林は海岸防災保安林と呼ばれ、海岸で発生する前述した自然災害の防止を目的としたものである。東北地方太平洋沖地震津波で浸水した海岸林では、約半分が保安林に指定されていた。

なお前述のように、潮害防備保安林の目的には高潮の防御、塩害の防止のほか津波の防御もふくまれている。このほか、「魚つき保安林（魚付林《うおつきりん》ともいう。海岸などに、日陰をつくり微生物の繁殖をうながすなど魚群の誘致を目的に育成する）」や「航行目標保安林」も、防災保安林ではないが海岸林に多い。

〝人工の森〟をめぐる疑問

さて、実際の海岸林にはどのような種類の樹木が存在するのだろうか。もちろん各地の松原に見られるように、本州、四国、九州の砂浜海岸では圧倒的にクロマツが優勢で、一部にアカマツが混じる程度である。通常、日本列島の平地の自然植生（原植生）は本州中央部以南（暖温帯）が常緑広葉樹林（照葉樹林ともいう）、東北地方以北（中間温帯—冷温帯）が落葉広葉樹林といわれるが、砂浜ではマツ類が多い。一方磯浜では平地の自然植生と同じ樹種が現れ、前者ではタブノキ、ヤブツバキ、スダジイなど、東北地方ではカシワ、エゾイタヤ、ケヤキ、ミズナラなどが見られる。また、北海道では砂浜海岸もふくめてカシワ、エゾイタヤ、シナノキ、ミズナラなどの天然林が多く、琉球列島では人工林のモクマオウ林のほか、天然林のリュウキュウマツ林がある（写真1－11、1－12）。

このように本州、四国、九州の砂浜海岸ではクロマツ林が多い。そして、その海岸林のほとんどが人工林である。天橋立や三保の松原など、一見して天然林と思われる海岸林も実際は人工林である。しかも代表的な海岸林は激しい飛砂害を防止するために江戸時代に苦労して造られ、その後も地域の人々によって何度も造り直され、護られてきたものである。

すでに述べたように、飛砂は強風によって砂浜海岸の砂が飛ばされる現象である。海辺の近くの駐車場では、片隅に砂がたまっている光景をよく見かけるだろう。現在、毎年春に現れる黄砂《こうさ》の話はよく聞くが、飛砂が話題にのぼったことはほとんどない。しかし、江戸時代の日本で飛砂の害を

クロマツ

アカマツ

タブノキ

スダジイ

カシワ

ミズナラ

写真 1-11　海岸林に見られる樹種①（提供：後藤武夫氏）

写真1-12　海岸林に見られる樹種②。左からリュウキュウマツ、ケヤキ
（提供：後藤武夫氏）

防ぐために、全国でいっせいに海岸林が造られたのは事実なのである。現在と比べて、なぜかつては飛砂害がそれほど激しかったのだろうか。そして、それがなぜ江戸時代なのだろうか。また、今回の津波で壊滅した海岸林の再生にあたって広葉樹の植栽を望む声が日増しに大きくなっているようだが、江戸時代以来、海岸に植えられてきた木がどうしてクロマツばかりだったのか、いちど考えてみる必要があるのではないだろうか。

これらの疑問を解消するためには、江戸時代の海岸林を取り巻く状況を正確に理解しなければならない。次章以下でそれを詳しく説明するが、実はそのためには当時の海岸の環境だけを理解すればよいわけではなく、広く国土の自然環境全般を把握する必要があることがわかるであろう。

わが国の国土環境は二十世紀後半に大きく変貌した。そのため現代日本人は、江戸時代はおろか二十世紀半ば以前の国土環境すらどのようなものであったかを忘れてしまっている、あるいは十分理解していないと私は考えている。それは二十一世紀に日本が目指すべき自然との共生、さらには持続可能な社会の構築を進める際に、大きな欠陥となるのではないかという危惧《きぐ》を抱いている。かつての日本人がその中で暮らしてきた国土環境の正確な理解とその変貌の本質的理解なくして、これからの海岸地域、河川、森林などの適切な管理——その保全と利用——はありえないと思われる。

さらに言えば、実はその国土環境を支配したものは、私たち日本人と森林との付き合い方であったと思われるのである。本書は海岸林の喪失を手がかりとし、森林と日本人の関係の変遷を通して〝国土環境の変貌〟について理解を深めることにより、私たちの生きる国土の改善に少しでも寄与することを目的としている。ここではまず、おもにクロマツが植えられている海岸林の立地環境について簡単に説明し、次章に進むことにする。

砂浜の砂はどこから来たか

これまで「砂浜海岸のマツ林」あるいは「砂浜海岸のクロマツ」という表現をしばしば用いてきたが、現在のマツ林は波打ち際（汀線）近くの砂浜のみに存在するわけではない。その後ろの微高地つまり海岸砂丘の上や、その奥の砂丘より低い平地（後背湿地《こうはいしっち》）にまで広がっている。とくに日本海側では海岸砂丘が発達しており、海岸林は砂丘林と言ってもよい。そこで砂浜海岸を中心に、海岸林が立地する環境（地域・地形）はそもそもどうやって形成されたのかを説明しておこう。

図1－3は砂浜海岸を中心とした海岸近くの地形形成を模式化したものである。実感したことはないかもしれないが、砂浜の砂は海から打ち上げられたものである。その砂の一部には海岸や海底

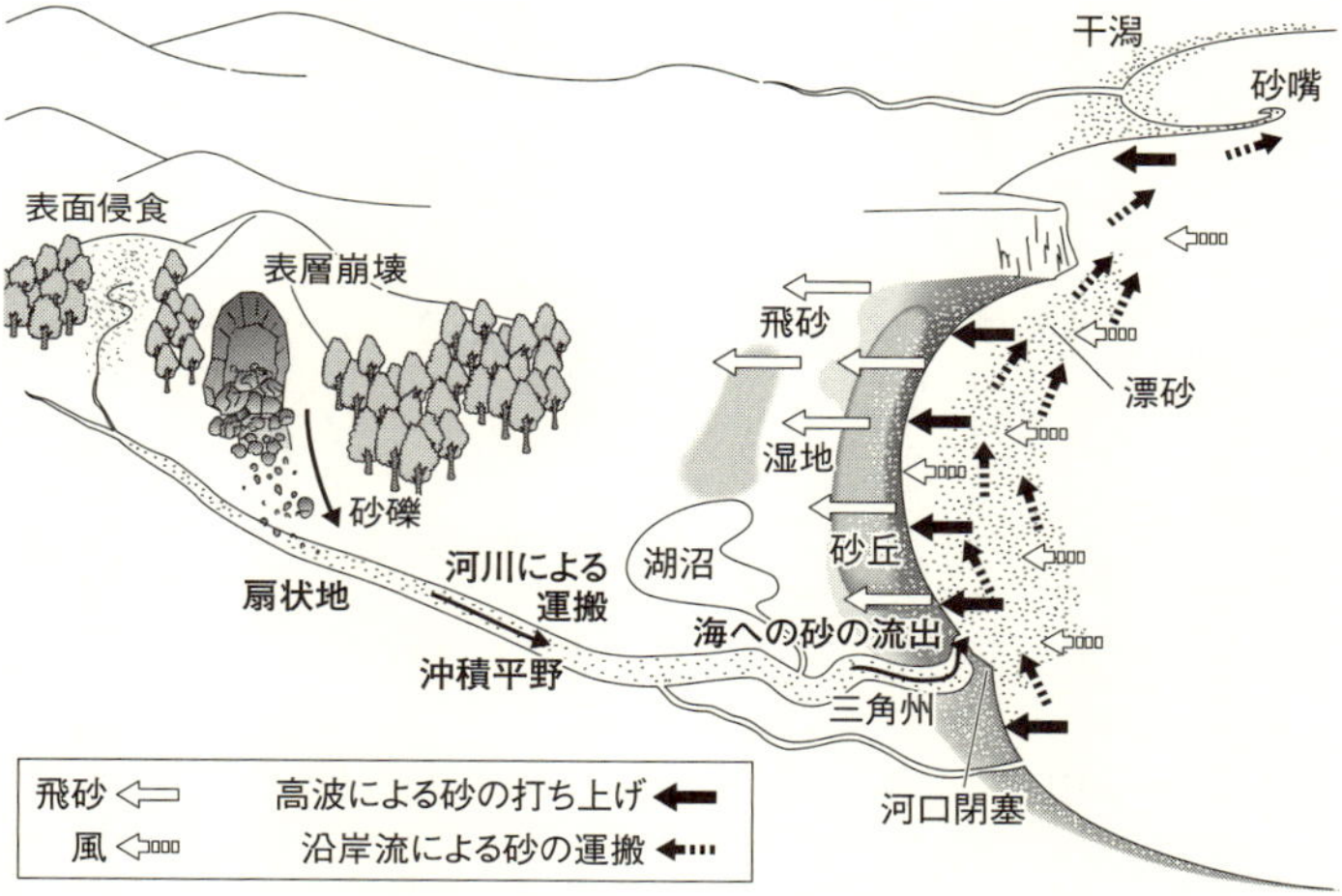

図 1-3　海岸地域の地形と飛砂現象

の岩石が破砕され、細かい粒になったものも混じるが、大半は山地から流れ出した土砂が河川を流れるうちに細粒化され、海に流出したものである。つまり、海の砂の源は河川の上流の山地の土砂なのである。沿岸海域には沿岸流と呼ばれる潮の流れが存在し、海に流出した砂はその流れに乗って漂砂《ひょうさ》として移動し、各地の海岸に到達する。

　高波によって浜辺に打ち上げられた砂は海からの強風に乗って飛砂として内陸に運ばれる。飛砂の大半は地表を這《は》うように運ばれるので、海岸にとどまって砂丘を形成する。しかし、風が強く砂の量が多い場合は、人々が住む内陸深くまで到達し、いわゆる飛砂害を発生させる。かつて海岸地域の災害でもっとも深刻だったのが飛砂害であり、海岸林の大半はこれを防ぐために先人が苦労して造成したものである。

そもそも、河口付近の地形はどのように形成されたのであろうか。そのベースとなっているのは沖積《ちゅうせき》平野と呼ばれる低平地である。現代の日本人の大半が暮らす沖積平野は、約六千年前に気温のピークを迎えた温かい時代（「縄文海進」といわれる、海がもっとも内陸まで侵入した時代）のあと、山地からの土砂の堆積によってできた新しい地形である。その上を流れる沖積河川は、海岸に近づくと勾配《こうばい》がきわめて緩やかになるため流速が衰え、砂の運搬能力も落ちる。そのため河川は蛇行し、自然堤防や三角州を形成する。

しかしながら飛砂の多い地域では海から上陸した砂によって砂丘が形成され、海岸の近くが微高地になる。したがって、内陸側のほうがかえって地盤が低くなる。一方、河口では流速が一段と遅くなり砂が川の中にも堆積するため、河口閉塞《かこうへいそく》という現象が起こる。これには沿岸流の影響も加わっている。かつては浚渫《しゅんせつ》のほか、河口の両岸から沖に向かって突堤《とってい》を築くなどの対策がさかんに講じられていた。河口閉塞が起こると河川水の排水が阻害され、河口付近の低平地で洪水氾濫《はんらん》が起こる。その際、砂丘は氾濫水の排水を阻止するため、その内陸側の低地は水が停滞する後背湿地となり、ときには湖沼が発達する。これらの中には縄文海進期にラグーン（海の一部が外界と遮断されて生まれた湖や沼）だったところもあるだろう。

しかし、現代は飛砂も河口閉塞も深刻ではない。なぜだろうか――実はこの背景となった変化こそが、海から遠く離れた山々での大きな変化を示唆しているのである。

第二章●はげ山だらけの日本――「里山」の原風景

一　日本の野山はどんな姿をしていたか

これが日本の山なのか？

手始めに写真2－1から2－4の数枚の写真を見ていただきたい。いずれも岡山県下の一九五〇年ごろの光景である。写真2－1の三枚の写真は岡山県玉野《たまの》市郊外の状況で、山頂や尾根付近を中心に木が生えていない山が見渡す限り連なっており、山腹斜面は激しい侵食作用を受けていることがわかる。このように地表に植生も土壌も存在せず、基盤岩が露出した山は「はげ山」と呼ばれる。はげ山は、花崗《かこう》岩《がん》類でできた地域を中心にかつて全国各地に普遍的に存在していた。

岩石が細かく砕かれ、砂になる過程を「風化《ふうか》」という。花崗岩類はほかの岩石と異なり、独特の風化様式を示す。すなわち、岩石は通常地表に近い部分から風化し、風化岩は岩石→礫《れき》→小石→砂（または粘土）の順に細粒化していく。しかし、花崗岩類は「深層風化」と呼ばれる特殊な風化様式（後述）によって地中深くまで風化してしまう場合が多く、しかも岩石がいきなり砂（真砂《まさ》土という）になる。したがって、地表を覆う落葉や下草が取り払われると降雨によって容易に侵食され、

写真 2-1　1950 年ごろの岡山県玉野市郊外（岡山県〔1997〕より）

はげ山になってしまう。

太平洋戦争中につくられ、戦後もラジオから流れていた「お山の杉の子」という唱歌がある。そこで「まるまる坊主のはげ山は……」と歌われているように、かつてそのような山が存在したことが、現在どれほど記憶されているだろうか。研究面では千葉徳爾《とくじ》の『はげ山の研究』（一九五六年）が著名である。しかし、森林・林業関係者、また山地の土砂災害防止に取り組んでいる治山・砂防事業関係者でさえも、そのような山は一部の地域に限られていたと思っているふしがある。ましてや一般の人々、とくに昭和後期になってから生まれた人々にとっては見たこともない山の姿だとしても当然であろう。

次の写真2－2と2－3は岡山県北部・吉井川上流部の山地・森林の状況を示すものである。これらははげ山とは呼ばない。その証拠に植生や土壌がかろうじて残っており、それゆえ斜面表層の風化土壌層が崩れる「表層崩壊」と呼ばれる小さな山崩れが起こっている。しかしながら植物相はきわめて貧弱で、わずかに灌木《かんぼく》やササ類で覆われているに過ぎない。まるで現在の途上国で見られるような、森がなくなって荒れ果てた山地にそっくりである。

最後の写真2－4は吉井川中流部の様子である。河原には累々と土砂が堆積し、植生はごくわずかである。水面が見えないどころか、土砂は橋脚を埋め、橋げたに迫るほどに盛り上がっている。

写真 2-2　1950-52 年ごろの岡山県吉井川上流部①

写真 2-3　1950-52 年ごろの岡山県吉井川上流部②

写真 2-4　1950-52 年ごろの岡山県吉井川中流部
（上 3 点すべて岡山県〔1997〕より）

これでは、現在のような高く強固な堤防もないので、洪水（河川が増水すること。必ずしも氾濫するとは限らない）が起きれば容易に氾濫しただろう。このころ、毎年どこかで洪水が氾濫していたと言われるのもうなずける。しかしながら、現在の日本にこのような河川は一本もない。どこも河床は下がり気味で、橋脚の基礎がむき出しになっているような河川も多い。

このような状況は何も岡山県に限ったことではなかった。実はこの当時、全国の山々は、はげ山ではないものの、このように劣化した森林で覆われていたのである。ほかの地方の例を示そう。口絵Cと写真2－5は東京都水源林の百年ほど前の写真で、場所は多摩川上流の山梨県甲州《こうしゅう》市内である。東京都水源林は東京都水道局が一九〇一（明治三十四）年から管理している水道水源林で、現在はカラマツとヒノキの複層林（樹齢の違う木で構成される林）として有名な美林である。しかし、当時の写真を見ると、山腹にほとんど樹木がなかったことがわかる。

写真2－6は一九五〇年ごろの青森県十和田《とわだ》市の山地の風景である。数十人の女性が隊列を組んで山道を登って行く。しかし背景の山腹に樹木はほとんどない。それどころか、あちこちに崩壊の跡地が見える。後方の一団の少し前に一人コモを担いだ女性が見えるが、コモの中味は苗木である。実は女性らはこれから水源林造成のために、植栽予定地のある山頂を目指して登っているところなのである。

二〇〇九年は、天皇皇后両陛下のご臨席を仰いで毎年開催されている全国植樹祭が六十回を迎えた年であった。そこでこれを記念して『全国植樹祭60周年記念写真集——かつて、日本の山にはこんな姿もあった。』（国土緑化推進機構）が刊行された。この写真集には三十六の都道府県から集められた、主として明治時代中期以降の荒廃した国土の姿を示す写真が多数掲載されている。

そこには、「砂漠を行くキャラバンのようだった」という、泥と砂の舞う北海道襟裳《えりも》岬を行く人と馬、炭山からトラック道まで炭を背負って運び出している福島県川内《かわうち》村の炭背の人々（写真２－７）、山に入ってガソリン代わりに使う松根《しょうこん》を掘り起こす岐阜県多治見《たじみ》市の奉仕作業の人たちなど、

写真 2-5　多摩川源流域も草山かはげ山に囲まれ、樹木はわずかに尾根に見える程度である（提供：東京都水道局水源管理事務所）

写真 2-6　1950 年ごろの十和田市

写真 2-7　1950 年ごろの川内村で（国土緑化推進機構〔2009〕より）

写真 2-8　飛砂に飲みこまれる民家。1933 年（国土緑化推進機構〔2009〕より）

当時の人々の営みが写っているが、背後の山にはまったく木がないか、あってもまばらな状態である。また、アプト式電気機関車が走る群馬県安中市《あんなか》（旧信越本線横川—軽井沢間）、上り貨物列車が旧東海道線第一酒匂川《さかわ》橋梁をわたる静岡県御《ご》殿場《てんば》市、比叡山へのケーブルカーが登る京都市の写真ではそれぞれ伐採跡地ばかりが目立つ。おそらく当時の車窓からの眺望はかなり開けていたであろうことが想像される。さらに徳島県、香川県など四国地方の山々も山腹は灌木のみか畑地であり、熊本県、鹿児島県など九州地方では大面積皆伐《かいばつ》跡地での植え付け作業中の人々の写真が多い。

一方、日本海側の山形県、新潟県、石川県の写真では砂浜海岸の荒廃地の写真が多い。写真2－8はその中の一枚で、一九三三年に山形県鶴岡市で撮影された飛砂害の状況である。写真のキャプションに「家屋は軒先の高さまで飛砂に埋まり、春には砂掘を行って埋没を防いだ」とあり、飛砂の害はとても深刻だったようである。なお、青森県のページには写真2－6の女性たちが登っていった山頂での植栽の状況を示す写真も掲載されている。

　このように、これらの古写真が写している明治時代から昭和時代中期までの山地・森林の状況は、現在の日本の森林の姿とはまるで異なっていたということがわかるだろう。実はこれらの古写真は荒廃の激しいところを選んで集めたものではない。場所はどこでもよかったのである。一九五〇年代以前の、背景に山が写っている普通の農村の写真ならば、現在のような豊かな森は見えていないはずである。このころ、日本の森のかなりの部分はとても森とは呼べないほど衰退し、劣化していたのである。

　地理学者の氷見山幸夫《ひみやまゆきお》らは一九九〇―九二年に、一九〇〇年時点の日本の土地利用図を作成している。この、今から百十二年前の土地利用図で荒廃地を探してみると、一見して中部、四国、中国、九州の各地方に多いように見えるが、詳しく見ると全国に散在しているのがわかる。各土地利用の集計結果によると、表2－1のように、森林六五・四八％、農業的土地利用一六・七五％、都市域四・一三％に対して、荒廃地（荒地）が一〇・六八

表2-1　1900（明治33）年の土地利用

	(%)
農業的土地利用	16.75
田	9.34
畑（含草地）	6.24
その他の畑	1.17
森林	65.48
広葉樹林	26.50
針葉樹林	11.85
混交樹林	26.30
竹林・しの地	0.83
都市集落・道路・鉄道	4.13
その他	13.64
荒地	10.68
砂礫地・湿地	0.95
河川・湖沼	1.91
その他	0.10

（氷見山幸夫〔1992〕より）

％もある。さらに、ここでいう針葉樹林は現在どこにでも見られるスギ・ヒノキ林を指しているのではない。大半はマツ林なのである。その理由は後に述べるが、針葉樹林と表示されているところも、実は森林が劣化した土地である。本章の最初に岡山県の劣化した森林の古写真を示したが、その場所はこの図では針葉樹林になっている。同様に関東地方の低地部、とくに利根川流域にも針葉樹林が多い。こちらも大河川の氾濫原で砂地であり、マツ林である。その一部が東北地方太平洋沖地震の際の内陸での液状化被害地と一致する（なお、この土地利用図は当時の五万分の一地形図を基本として作成されたと思われるが、県単位で分類規準に相違がありそうである。そのため、県境を越えると荒廃地などの分布傾向に多少差が出ているように見受けられる）。

ところが今、日本のどこを見まわしても、前掲の写真のような荒廃地は見あたらない。私は百十二年前のこのころが、日本の森林がもっとも劣化していた時代であると推定している。

江戸の絵師が描く山

それでは写真のない江戸時代の状況はどのようであっただろうか。そこでこの時代の山地・森林の状況を浮世絵、錦絵、名所図会《ずえ》などから探ってみよう。

まず、もっともよく知られている歌川広重の浮世絵「東海道五十三次」（一八三三年）を調べてみる。すると、鬱蒼《うっそう》とした豊かな森はまったく描かれていないことがわかる。近景に壮齢林が描かれている「岡部《おかべ》」の図版でさえ、遠景の山の木々は貧弱である。「平塚」「鞠子《まりこ》」「金谷《かなや》」などの

図2-1　左は「東海道五十三次」より「鞠子」。右は現在の同地の様子

山々には、樹木はまばらに描かれているに過ぎない。たとえば鞠子で当時の絵と現在の写真を比較すれば、変化は一目瞭然である（図2−1）。

一方で東海道名物の「松並木」が繰り返し描かれている。口絵Aは「日坂《にっさか》」の図版であるが、ここでは〝山腹に描かれたマツ〟が目立つ。「白須賀《しらすか》」「亀山」などの図版でも同様である。幕末に描かれた錦絵「将軍家茂《いえもち》公御上洛図」でも多くのマツ山が描かれている。現在各地に残る江戸時代の名所図会も同様である。図2−2、2—3はその例であり、描かれている樹木はほとんどマツである。

土壌が貧弱でほかの樹木が生育できない荒地や砂地でも、マツはよく育つ。つまり、江戸時代の山も基本的には明治時代以降の古写真のような状態で、マツしか育たないほど貧弱な植生であったことがわかる。先に引用した一九〇〇年の土地利用図のうち「針葉樹林」の大部分は、実はこのような荒廃したマツ林だったのである。

図 2-2 「将軍家茂公御上洛図」より、左が「岡部」（現静岡県藤枝市岡部町）、右が「金谷」（同島田市金谷）（福田和彦〔2001〕より）

図 2-3 「拾遺都名所図会」（1787 年）より、「稲荷山　初午の図」。稲荷山は現伏見稲荷大社（京都市伏見区）

里山ブームの盲点

現在、「里山」がブームのような観がある。読者の中にも里山の好きな方がおられるだろう。その方々の中には「かつての里山には持続可能で豊かな森が広がっていた。人々はその恵みを受けて暮らしていた」と信じている方がいらっしゃるのではないだろうか。しかし、今まで説明してきた山地・森林はほとんどすべてが「里山」である。里山には茅場《かやば》（屋根を葺《ふ》く材料のカヤを刈りとる場所）と呼ばれる草山があったことが知られている。そのような草山をふくめて、かつての里山は「はげ山」か、ほとんどはげ山同様の瘠《や》せた森林――灌木がほとんどで、高木ではマツのみが目立つ――が一般的であった。少なくとも江戸時代中期から昭和時代前期にかけて、私たちの祖先は鬱蒼とした森をほとんど目にすることなく暮らしていたのである。口絵Bや図2－4に示すように、白神《しらかみ》山地に連なる里山でさえほとんど樹木がなかったという光景を、江戸時代末期（一八六二年）に平尾魯仙《ひらおろせん》は描き残している。

図2-4 「暗門山水観」（1862年）より「砂子瀬村筬橋之図」（提供：青森県立郷土館）

言い換えれば、江戸時代に生まれた村人が見渡す山のほとんどは、現在の発展途上国で広く見られるような荒れ果てた山か、劣化した森、そして草地であった。この事実を実感として把握しない限り、日本の山地・森林が今きわめて豊かであることや、国土環境が変貌し続けていることを正確に理解することはできないと思われる。

二　石油以前、人は何に頼って生きていたか

森しか資源のない社会

言うまでもなく、日本人は縄文時代以前、衣食住の大部分を森に頼る文字どおりの「森の人」だった。弥生時代以降、食糧は稲作を中心とした農業に依存するようになったが、少なくとも十九世紀まで、普通に使える資源は木と土と石のみであり、加工の容易な木材は建築材料、舟の材料、道具の材料などとして使われるとともに、燃料すなわちエネルギー資源としても薪《まき》や粗朶《そだ》や炭として大量に使われた（土や石は燃料にならない！）。さらに、農業もいわゆる里地・里山システムのもとで営まれており、稲作ばかりか家畜の飼育も里山農用林に支えられていた。

図２―５は里地・里山システムの模式図である。縄文時代晩期に稲作が伝来すると日本人は本格的に農耕社会を築き始め、居住地は耕作地である水田や畑地の中に移動した。とくに水田農業には水管理のための共同作業が不可欠であるため、耕作地＝ノラ（野良）の中に集落＝ムラ（村）をつくって集団生活を行うようになった。しかし、食糧以外の資源はほとんどすべてを依然として森林に頼っていたため、ノラの周囲の森林＝ヤマ（山）も生活圏であった。こうして、いわゆる里地（ムラとノラ）・里山システムと言える農耕社会の基本的土地利用が成立した。

生産の中心である水田は最初、台地や丘陵地、低山地帯のすそ野の谷地田《やちだ》あるいは谷津田《やつた》と呼ば

れる水の得やすい場所で始まり、次第に小河川沿いの平地に拡大していった（現在の水田が広がる大河川の沖積《ちゅうせき》平野が本格的に開発されるのは中世から近世にかけてであって、かなりあとの話である）。そして、人口の増加とともにノラの周囲のヤマの資源である木材や枝条《しじょう》（枝）、下草、落葉の利用が激しくなり、ヤマの一部はムラ・ノラに近い部分から灌木地や草地に変わっていった。すなわち、ヤマの一部はノ（野。すなわち広く平らな土地）またはノベ（野辺）と呼ばれる原野に変わっていったのである（ノベは辞書によると「野のあたり」でノラと同じ意味という。しかしここでは「野」の意味を生かしてノベ＝原野の意味にとりたい。林野という言葉は山林と原野、すなわちヤマとノベにあたるだろう）。

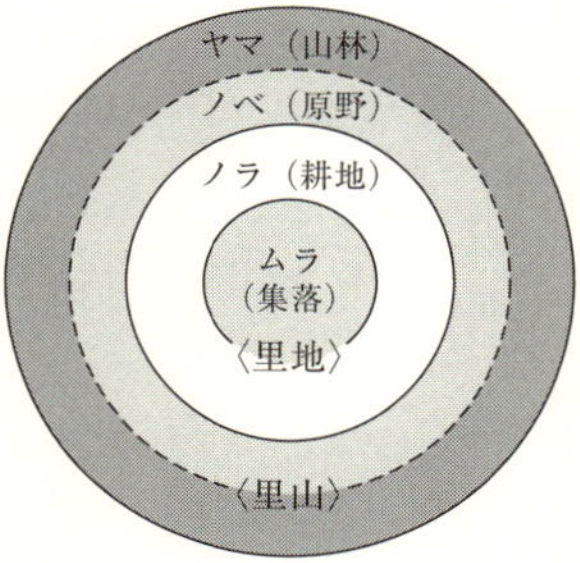

ムラ＝集落：定住地
ノラ＝耕地：生産地
ヤマ，ノベ
＝山林、原野
：採取地
●採取地の里山は入会地で、ノベとヤマに区分される

図 2-5　里地・里山システムの模式図

ノベをふくめたヤマの資源はその全体を現代風に表現すれば、草本《そうほん》資源もふくめた「森林バイオマス」にあたるであろう。このうち木本《もくほん》資源は農業用資材の鋤《すき》や鍬《くわ》の柄《え》、燃料などの柴《しば》・粗朶・落葉落枝《らくようらくし》、薪炭《しんたん》材（薪や炭にする材）、建築用材などである。現在「特用林産物」と呼ばれる山菜、キノコ、タケノコ、あるいは食肉や毛皮などの動物資源も、森林バイオマスの一部である。

一方、草本資源もおおいに使用された。すなわち、屋根を葺くのに使うカヤ、牛や馬の秣《まぐさ》（飼料。厩《うまや》の敷き藁《わら》がわりにもする）、田畑の肥料としての刈敷《かりしき》用の草や灌木の若芽など（まとめて緑肥《りょくひ》と呼ばれる）である。これらは時代が下がるにつれて需要が増え、のちにはあえて草地として維持された場所もある。なお刈敷とは、落葉だけでは足りず、青草や若葉、若芽なども肥料として田畑に投入するもので、イネなどの収量を増やすためには不可欠な肥料である。刈敷は鎌倉時代以降にさかんになったとする説もあるが、実際は相当古くから行われていたように思われる。しかし、刈敷にはたいへんな労力を要したので、江戸時代に金肥《きんぴ》（金銭で買う肥料。魚肥や油粕など）の使用が一般化すると一気に廃《すた》れたようである。

このように里山（ヤマ）は農用林であり生活林であったから農民にとってはヤマも日常生活圏のうちにあった。彼らは毎日ヤマに入って必要物資を調達していたのである。

昔話は「昔々、おじいさんは山へ柴刈りに、おばあさんは川に洗濯に」で始まる。おじいさん、おばあさんは毎日山や川にそれぞれ燃料の採取や洗濯・洗い物のために出かけていたのだ。ではお父さん、お母さんはどうしていたのか。お父さんはもちろん、おそらくお母さんも、かたわらに乳飲み子をかかえて田んぼや畑で汗まみれで野良仕事に励んでいたであろう。子どもたちはおじいさん、おばあさんを追って、お手伝いで、あるいは遊びで、野山を駆けめぐっていた。それが「兎《うさぎ》追いしかの山、小鮒《こぶな》釣りしかの川」であった。これが里地・里山システムの実態である。

したがって、里地と里山は分けられるものではなかった。現在里地は農業関係機関が、里山は林業あるいは自然環境管理機関がそれぞれにかかわっており、「里地・里山」という連語になっているが、このような区別こそ、その本質を見誤らせるもとと思われる。

また、ヤマとは通常言われる山地の意味ではなく、平地でも森林バイオマスの採取地はヤマと呼ばれた。たとえば、埼玉県の三富新田《さんとめしんでん》は江戸時代中期にできた開拓村で、武蔵野の台地の上のほとんど平らな場所にある。武蔵野の台地上はすでに中世には森林はなく、灌木やススキが茂る原野だった。火山灰土壌の瘠せた土地で水もなく、開拓には向かない場所だった。江戸時代前期に玉川上水の支流として野火止《のびどめ》用水ができたため、これをきっかけとして地域一帯の開発が始まったのである。しかし瘠せた土地では農業は無理だった。そこで図2－6のように、台地上を奥行六百七十五

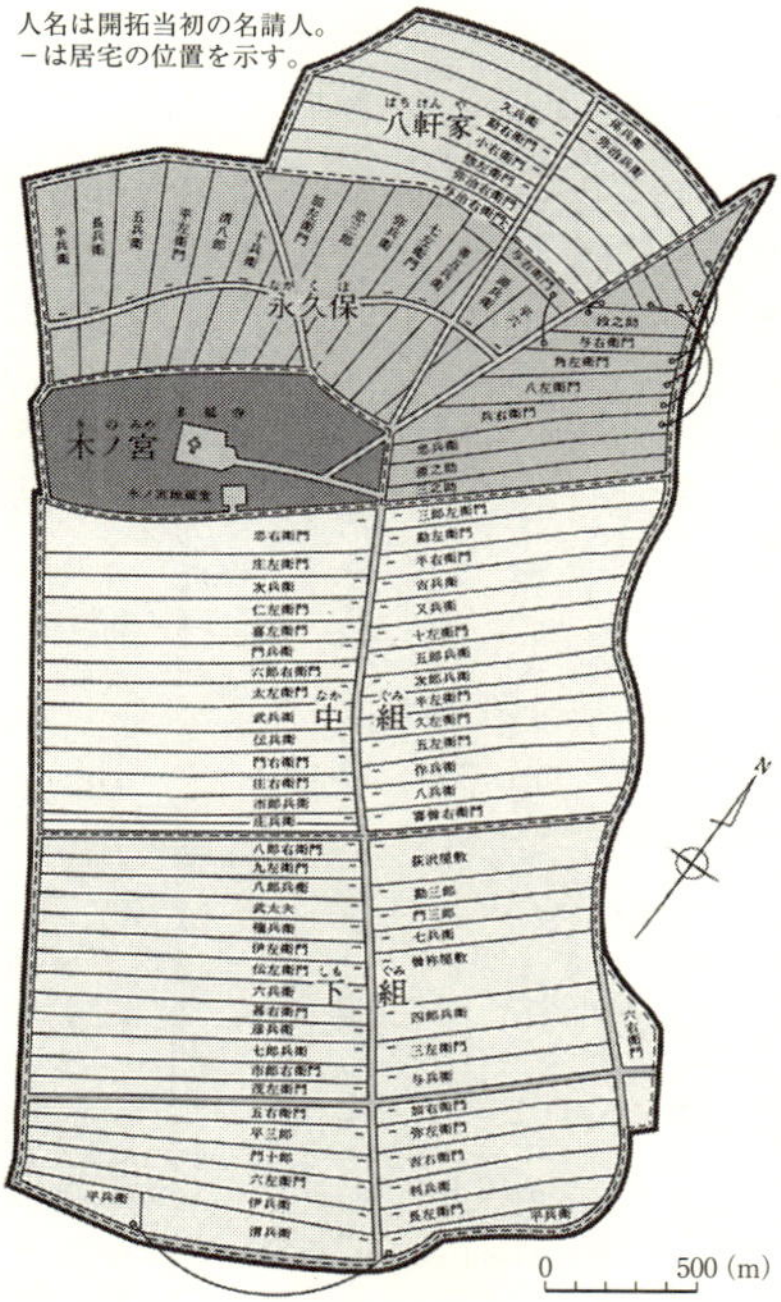

図2-6　三富新田開発時の上富村（現三芳町）の様子（三芳町立歴史民俗資料館・三芳町教育委員会〔2006〕より）

メートル、街路に沿う間口七十二メートルの細長い長方形状に区画し、街路側に家屋、中間を畑地とし、奥にクヌギやコナラを植えて林を仕立てた。この一区画が、入植した百姓一家の営みの場所であり、彼らにとって林の森林バイオマスは命の綱であった。畑地へ投入する肥料の中心は落葉であり、毎年落葉を投入することによって地力《ちりよく》（その土地が作物を育てる能力）を維持した。林を仕立てることによって開拓が成功したのである。彼らにとって、家屋のある場所がムラであり、畑はノラであり、平地にある林はヤマであった。

私も武蔵野の台地（埼玉県の大宮台地）の上で子ども時代を過ごしたが、そこでは農家の北西にあって冬の季節風を防ぐ役割も兼ねた屋敷林をウラヤマ（裏山）と呼んでいた。ウラヤマにはケヤキ、コナラ、クヌギ、カシ類が茂り、一部に竹藪《たけやぶ》もあった。家屋の横には堆肥が積み上げられていた。ヤマは平地にもあって、森林バイオマスの供給地として非常に重要な存在であり、ヤマ＝里山と里地は一体だったのである。

私は奥三河の東栄町（愛知県北設楽《したら》郡）生まれの義母から里地・里山地域の昭和初期の生活ぶりを聞いたことがある。奥三河は里地といってもむしろ山里と呼ぶにふさわしい中山間地《ちゅうさんかんち》（平野から山地にかけての平坦な場所が少ない地域）で、林業や養蚕《ようさん》業もさかんであった。奥三河といえば、修験道《しゅげんどう》と山の神信仰が結びついた神事《しんじ》で芸能の要素も取り込んだ「花祭り」の里としても有名である。この祭りは花宿《はなやど》（会場となる屋敷）の清めから始まり、神迎え、湯立て、宮人《みやびと》の舞、青年の舞、幼児の舞、山見鬼、榊鬼など鬼役の舞、禰宜《ねぎ》や巫女《みこ》、翁《おきな》など神々の祝福の舞、少年の舞、湯で清める湯囃《ゆばや》し、神返しまで、休むことなく徹夜で神事や舞が続く。見物人も参加して舞い、問答し、酒を飲んで悪態をつきあうなど集落総出で無病息災、家内安全、五穀豊穣を願うのである。義母も近くの集落の花宿によく連れて行ってもらったそうだ。

義母の父は四、五頭の牛を飼って牛乳を売る畜産業を営んでおり、まわりからは乳屋と呼ばれていた。牛の世話はもっぱら母がやっており、病院などへの配達も人を雇って行っていたという。

父はよく猟銃を携えて近くの山に入り、キジやヤマドリ、ヤマバトを提《さ》げて帰ってきた。それほど遠くまで行くわけでもなく、ときには弟も連れて山に入った。また、ときには仲間とイノシシをしとめてきた。かすみ網もよく使われ、メジロはいいがヤマバトにはよく網を破られると嘆いていたらしい。子どもたちも薪《たきぎ》やスギの葉を集めに、春は山菜採りに、夏はセミとりに、秋はキノコ採りやクリ拾いに山に入った。秋にはカキもぎもよくやった。

家のまわりには桑畑、麦畑、田んぼがあり、農耕馬が草を食《は》んでいた。春、寺の境内で馬市が開かれていたのを覚えているという。子どもたちはトンボやイナゴ、小川ではゲンゴロウや小魚を捕った。男の子は草の実を弾にする鉄砲をつくって撃ち合った。また、野山を駆けめぐって戦争ごっこに興じていた。

夏の父はアユ漁に明け暮れていた。それも釣りではなく、潜って捕る「ひっかけ」の名人だった。春には琵琶湖《びわこ》まで仲間と稚魚を仕入れに行った。組合長であったらしい。子どもたちも夏はもっぱら川遊びであった。朝出かければ夕方まで泳ぎや飛び込み、魚とり、川ガニとりをやって、なかなか川から帰ってこなかった。

このころ働く場所は豊富で、山に入り枝打ちをやる人、山の木を売る人があれば、木を伐《き》る人、その木を荷馬車の往来する県道までそりで運ぶ人などがあり、県道は丸太の山だった。小さな町だが製材所が五カ所もあり、山持ちの息子が遊ぶ芸者の置屋も二、三軒あって三味線の音が聞こえていた。養蚕のために、子どもたちは学校から帰ると桑摘みをやった。製糸工場には若い娘さんが大勢働いていて、町はにぎわっていた。奥三河での里山と人々との関係は、子どもの目にはこのように映っていたのである。

一方で、砂浜近くの農村では、海岸林も里山であった。海岸林はそのほとんどがクロマツ林で、江戸時代以降に造成されたことはすでに述べたが、海岸林では落葉掻《か》きは松葉掻きであり、下草や灌木類もふくめて毎年採取された。したがって、海岸林は里山として利用するために造られたとする説もある。松葉掻きなどの森林バイオマス採取によって林床《りんしょう》（樹木の下、土壌をふくむ環境）が常に貧栄養状態であったことがマツの生育にかえって好都合だったというのも、クロマツの海岸林が維持された重要な理由である。

理想の農村

当時の識者が里山をどのように評価していたかを示す例として、稲作農耕社会における理想の農村の条件を記した三河国《みかわのくに》（現愛知県東部）の農業書がある。農書『百姓伝記』は一六八〇年代前半に三河地方で著された農業普及の書で全十五巻からなる。その中に〝宝土〟、すなわち村落の理想の立地条件として以下の八項目が挙げられている（深谷克己〔一九八七〕）。

一、田畑が豊富で四、五十町歩《ちょうぶ》もある広い村里であること
二、土質が重くてよいこと
三、村里の東西南北を野山が囲み、飼料の馬草や燃料の薪が得られること
四、野山の麓《ふもと》に耕地にそそぐ水が豊かにあること。百姓の家屋敷の下水は、低いところにある田に流し入れる。家宅の位置を考え、一滴の使用水も無駄にしない
五、田畑へ通う道は広くつける。田畑を大きく区画して畦《あぜ》や境に空地がないようにする
六、人の多い村里は人糞尿も多いので、土が肥え、田螺《たにし》や泥鰌《どじょう》も増える
七、村里が魚類や塩草を入手することができる海に近いこと
八、いろいろな所用を足し、〝不浄〟を得ることのできる〝繁盛の地〟に近いこと

右の内容はこの現代語訳でほぼ伝わると思うが、少し解説する。まず、生産地である田畑が広いこと、また、その土壌が砂地のように水漏れするようでは水田はつくれないので、粘土質で養分豊かなものであること。この両者は豊かな稲作農耕社会成立のもっとも基本的な条件である。そして、次に重要な条件として里山の存在を挙げている。ここでは里山の重要性の代表例として飼料や燃料

の供給とともに豊かな水の供給も挙げている。また、生活用水の下水は有機物が多く、水田の肥料となる。村落内の土地利用計画としては、この時代でも道路は広く、田畑も広い区画で整然としているほうが良いとされ、現代に通じるものがある。また、日本では海の恵みの利用も捨てがたく、魚や海草は食糧としてよりも金肥として農業に用いることのほうが重要だった。さらに、都市（〝繁盛の地〟）は何かと便利なうえ、上質な肥料としての人糞尿（〝不浄〟）が得られる場所としても重要で、都市近郊農村のほうが豊かであるというのである。

このように、〝宝土〟の条件としての里山は飼料や燃料の供給地としてばかりでなく、水田を支える水源としても重要であることがこの時代の文献からも読み取ることができる。

三　里山とは荒れ地である

知られざる実態

前節で詳しく述べたように、日本の農耕社会では、建築用材や薪炭材などとしての木材や柴のほか、肥料や飼料としての生葉（刈敷用）・落葉・下草もふくめて、資源のほとんどは森林資源だった。弥生時代以降においても日本人は稲作農耕〝森林〟民族だったと言える。しかしながら、大量運搬手段をもたない時代には基本的に生活の場に近い山の木を使うほかなく、気づいてみれば里山の森はほとんどなくなっていた。遠景としては美しい里地・里山も、近寄ってみれば農民の粗末な暮らしの場であり、ほとんどめぼしい木の生えていない痩せた山かはげ山であった。

　その様子は本章に示した古写真や浮世絵でほぼ理解できたであろう。ここでは当時の里山をよりリアルに描いている図2－7を示そう。この図は文化年間（一八〇四―一八年）に描かれた里地・里山の光景で、水田にポンプで水を送っているところであるが、里山には樹木がごくわずかしかなく、ほとんど草山である。近年、里山ブームにともなって里山の写真が書籍や雑誌、ポスターなどによく使われている。里山を背に棚田と農家が写っているものなどがその典型的な例であろう。しかし、背景の里山は樹木の生い茂ったものばかりである。私は「それは里山の跡地の写真だ」と言いたい。実際の里山はそこに写っている樹木の大部分を取り去ったものであった。そして、森林の荒廃により毎年全国各地で土砂災害や洪水氾濫が頻発していた。言うなれば、江戸時代は〝山地荒廃の時代〟だったのである。

図 2-7　江戸時代後期の里山の様子（『農具便利論』より）

　後出の図3－8はその状況を明確に描き出している山城国《やましろのくに》平尾村（現京都府木津川《きづがわ》市）の絵地図である。この地域は典型的な花崗岩深層風化地帯で、都に近かったため古代から伐採が行われ、農用林・生活林としての森林の収奪も激しく、山地荒廃のもっとも激しい場所の一つだった。この絵地図は一六八四（貞享元）年に描かれたものであるが、山地では「田」の表示のほか「はげ山」や「草山」という表示が目立ち、森はほとんどなさそうである。平地では、北山川、なるこ川はともに「砂川」と書いてあり、北山川では田地から川床（河床）まで十間（約十八メートル）とある。したがって、これらの川がまさに「天井川《てんじょうがわ》」化する（河川が運んだ土砂が堆積し、川の水面が周辺の平野部より高くなる）ほど、山地は土砂を流出させていたことがわかる。

資源を管理する

このように、森林が衰退・劣化してゆく状況の中で、森がなければ農業も生活そのものも成り立たない。そのため人々は森を減らさない努力と森を造る努力の両方を行ってきた。

まず、森を減らさない努力、すなわち森を持続的に利用する努力は「入会地《いりあいち》」の利用を制限することであった。このころ、里山の大部分は入会地であった。入会地とは農民が農用資材や生活資材を採取するために共同で利用する山林・原野のことである。森を持続的に利用するためには乱伐・乱獲を防いで資源が再生産されるよう維持する必要がある（三井昭二〔二〇一〇〕）。そこで第一に、入会地を利用する期間を決めた。たとえば、資源の採取を開始する日を「山の口開《くちあ》け」といい、これを五月五日とした例がある。春も深くになると人々は入山の日を待ち望んでそわそわしていたらしい。刈敷用の草や若芽を早く刈って田んぼの用意をしたいからである。第二は、採取に使う道具を指定した。たとえば、採草は鎌《かま》で、樹木の伐採は鉈《なた》か鎌で、等々である。第三は、採取量の制限である。たとえば、一日に一人が一回運べる量である一荷《いっか》にする、あるいは馬一頭に乗せる量（一《いち》駄《だ》）にするなどの取り決めである。

入会の制度が成立したのは南北朝時代から室町時代あたり（十四世紀前半—十六世紀後半）で、これはこのころから森の利用が窮屈になり始めたことを物語っている。また、入会地には村中《むらじゅう》入会と村村《むらむら》入会があった。前者は一村（集落）で占有している入会地、後者は二村ないし数村が共同で利用する入会地である。なお、入会地は必ずしも村に接しているとは限らない。とくに新しくできた村では離れたところに入会地をもっている場合もある。森の資源を採取することは、農民にとってそれほど重要なことであった。

収穫を待ち望む

他方、森を造る努力とは、できるだけ有用な樹種を植栽すること、あるいは自生の樹種の中から有用なものを意識的に残していくことである。そうしてできた森林がいわゆる二次林である。

里山の二次林は人が造った森林であるため、原植生とは異なっている。そのおもな樹種は、本州中央部のかなり広い地域ではクヌギ、コナラ、アカマツなどが中心で、ケヤキやカシ類、それに果樹や花木が混じる（写真2－9）。東北地方ではブナ、クリ、ミズナラ、シデなどの落葉広葉樹、南部の温かい地方ではスダジイ、マテバシイ、アラカシ、ウバメガシなどの常緑広葉樹（照葉樹）

写真2-9　里山の二次林に見られる樹種。左からクヌギ、コナラ（提供：後藤武夫氏）

である。

いま本州中央部の里山で考えると、なぜコナラやクヌギが選択されているのか。その理由はいくつか考えられる。第一は、成長が速いことである。材木は慢性的に不足しているのであるから、早く収穫できることが不可欠であった。人々は常に収穫を待ち望んでいたのである。どんなに価値のある木でも通常は四十年、五十年とは待っていられない。短期間で伐採できなければならない。第二は、後継樹を育てるためには早く花が咲き、実がなって、大量の種子がとれ、発芽が容易なことなども必要である。切り株から芽吹く〝ひこばえ〟を育てる「萌芽更新」や「挿し木更新」「接ぎ木更新」が簡単ならさらに望ましい。第三は、伐採跡地に仕立てるのであるから、明るい場所を好む樹種でなくてはならない、などが考えられる。ただし、ここまでの条件を満たすような樹種は一般に寿命は短い。そして第四は、そのうえでさらに利用価値の高い樹種であることが必要だった。

このような条件を考えると落葉広葉樹のコナラやクヌギは最適である。とくにクヌギは植えられたものが多いという。これらは明るい場所を好む樹種であり、成長が速く、萌芽更新が可能で、実も多く、材

写真2-10　落葉樹林で成長する春植物。左からカタクリ（撮影：竹前朗氏）、エゾエンゴサク（撮影協力：アルペンガーデンやまくさ）

は火力が比較的強いわりには悪臭もないため薪炭として適しており、生葉や落葉は養分に富む。コナラやクヌギは樹齢二十年ほどで伐採されていた。このほかに材として有用なスギやヒノキ、ケヤキなどを混ぜ、集落内やその近くには果樹や花木、あるいはタケノコを採り、籠《かご》などの竹製品をつくるための竹藪（地下茎で繁殖するので好都合）などを配置すれば里山の二次林の主要樹種がそろうことになる。なお、薪炭林としては房総半島のマテバシイの植林、東北地方のブナの萌芽を利用したものなどがよく知られている。

こうした落葉広葉樹林の林床で目立つのが可憐な花を咲かせ「春植物」と呼ばれて親しまれている草本類である（写真2−10）。カタクリやエンゴサクなどの春植物は落葉広葉樹の開葉前に、成長し、花を咲かせ、実を結ぶといった、生活史の大部分をすませてしまう草本で、常緑樹の下では生きられない。これらは一万数千年前の寒い時代の落葉広葉樹の森から生き延びてきた遺存種との説もあるが、最近は否定的な説もあると言われる。いずれにしても、里山二次林を彩る貴重な植物たちである。

しかしながら、クヌギやコナラにも欠点がある。これらは土壌が極端に瘠せてくると成長しないのである。したがって、もともとの地質条件が悪く、かつ森林の利用が過剰で土壌が瘠せてしまった地域では適当な樹種が限られてくる。そういうところで生育可能なのがアカマツである。アカマツは実生《みしょう》（接ぎ木などではなく種から成長すること）による発芽が確実で、瘠せた土地、乾燥した土地で生き残れる、ほとんど唯一の高木と言えるかもしれない。このアカマツもおおいに利用され、また植栽することもあった。実は、アカマツはクヌギやコナラとは別の面で有用な樹種であった。すなわち、材は梁《はり》などに最適で建築材としても、また窯業《ようぎょう》などの燃料材としても有効であり、松葉、松脂《まつやに》、松根もそれぞれ利用できる。おまけにマツタケも採れるのである。

こうして、本州中央部ではコナラやクヌギの二次林、瘠せたところでのアカマツ林、灌木主体の柴山、それにカヤやススキ、あるいは飼料とするほかの草本などを採取するための草山などが里山生態系を構成する。さらに、里地の水田、畦道、土手、畑地、ため池、用水、集落などの里地生態系を加えて里地・里山システムの景観が成立する。

里山生態系は荒地生態系？

ここで生態学的な説明をしておきたい。一般に生態系は常に同じ姿を維持しているものではなく、その中での種（個体群）の消滅と出現によってある方向に変化していくと言われ、この変化を遷移《せんい》（生態遷移）と呼ぶ。

わかりやすいのは、火山の噴火や大規模崩壊によって現存植生が広範囲に失われた跡地から始まる植生遷移（一次遷移という）である。この場合、地上に有機物は存在しないから遠方から運ばれてくる散布種子から始まり、かつては、地衣《ちい》類→蘚苔《せんたい》類→一年生《いちねんせい》草本→多年生《たねんせい》草本→陽樹《ようじゅ》（太陽光を好む木）→陰樹《いんじゅ》（弱い太陽光でも成長する木）の順（遷移系列という）に変化するとし、最終段階の陰樹の森林を極相《きょくそう》林（クライマックス）と呼んだ。しかし、現存植生が失われた場合でもその範囲が狭い場合には、まわりに種子供給源があれば菌根菌との共生などによって最初から木本が出現することもあり、また、遷移の進んだ森林の中にも一定の空間の内部が遷移の初期に現れる種で占められるギャップと呼ばれる現象もあるので、現在では極相の概念は否定されている。

一次遷移の初期には出現している植物が少ないため、光を豊富に利用することができる。したがって、豊富な光を利用して光合成を行う種（遷移初期種、陽樹をふくむ）が繁栄する。これらはパイオニア種とも呼ばれる。その後、先行する種が生い茂った中で少ない光をうまく利用できる種（遷移後期種、陰樹をふくむ）に置き換わっていく。その変化の実態は前述の極相への遷移系列をイメージするとわかりやすい。なお、遷移が進むにしたがい、生態系の姿が変化するだけでなく、生態系の機能も変化していくと言われている。

一方、台風の強風によって大木が倒れるなどして現存植生の一部が消滅したあとに始まる植生遷移を、二次遷移という。この場合は残存有機物がある状態から遷移が始まるので、有機物の中に埋《まい》土《ど》種子（土の中で休眠していて、環境が変わると発芽する種子）や栄養繁殖体（地下茎や残存した根など）が存在するため、遷移の初期には二次遷移のほうが変化は速い。

生態系の一部または全部が物理的に破壊・消失する現象を攪乱《かくらん》という（ギャップは一部の攪乱でできると言える）。攪乱の原因としては、強風や豪雪などの気象現象、山崩れや土石流などの地盤変動、獣害や虫害などの生物の活動などがあり、自然攪乱と呼ばれる。日本では台風や前線活動にともなう強風、世界的には森林火災が、よく見られる自然攪乱の例である。

一方、人間による攪乱（人為攪乱）には、生態系の利用によって起こる攪乱がある。利用の間隔が長い場合はその間は遷移が進行し、遷移後期種が現れるところまで進むが、利用の間隔が短い場合は遷移初期種しか出現しない。たとえば、里山二次林の伐採は二十年程度で繰り返されるので、コナラ林やクヌギ林のような陽樹の林にまでは進むが、自然の状態では陰樹の森にはならない。一方、毎年地上部を刈り取る利用を行うと、草本が主体の草地となる。里山は林産物等の採取という攪乱の繰り返しによって遷移が止められ、陽樹段階までのさまざまな植生がモザイク状に配置されている状態と言える。

また、人口が増加するなどして林産物の採取の間隔が徐々に短くなっていく、言い換えれば「利用圧」が大きくなっていくと、陽樹の林が灌木主体の柴山になり、さらに草山に変化していく場合もありうる。草山の段階でも弱度の刈り取りでは、地下茎が残っていて多少の攪乱に耐えられるスキのような多年生草本で占められるが、強度な刈り取りでは一年生草本の草山になる。このような変化を退行遷移と呼ぶことがあり、たとえば、花崗岩深層風化地帯など地質条件によってははげ山化することになる。

近年、生物多様性あるいはその保全という言葉が多用されている。一九九二年のいわゆる地球サミットを契機として成立した生物多様性条約によって一般化された言葉であるが、二〇一〇年に第十回の締約国会議（COP10）が名古屋市で開催されて、広く国民に知られるようになった。その生物多様性は、「種多様性・種内多様性（遺伝子多様性）・生態系多様性」などで構成されるが、多様な生態系がモザイク状に配置されている里地・里山システムは全体として複合生態系をなし、もっとも優れた生態系多様性を示すものとしてその価値が認められ、維持・保全が推奨されている。

地球環境問題の一つである生物多様性の危機は、実はあらゆる地球環境問題が集約されて起こっていることである。したがって、地球環境問題を乗り超え、持続可能な社会が構築されているかどうかは、生物多様性の維持・保全が十分であるかどうかで測れると言える。その意味でこの問題がとくに注目されているのである。日本のかつての里地・里山社会は生物多様性が維持・保全されている「伝統的地域社会」のお手本になるとして、日本政府は「SATOYAMAイニシアティブ」を発信している。これは、地球環境時代においてはあらゆる国での人々の生き方の多様性を尊重するべきであり、その意味で世界の各地に存在する「地域の自然と人との共生システム」を維持・保全するべきであるという主張である。

しかしながら、このような状況やこれを歓迎するマスコミ論調の氾濫から、かつての里地・里山システムはそのすべてが持続可能な社会のお手本であったかのような錯覚が、国民の間に生まれているように思われてならない。実際の里山生態系にははげ山もあった。アカマツの目立つ柴山も草山もあった。そして、このシステムの中に、人々の貧しい生活もあったのである。

そのような里山では、毎年起こりうる程度の大雨でも容易に表面侵食が発生する。しかしそればかりでなく、山崩れや土石流も頻発していた。水田には洪水が氾濫し、海岸では海から飛砂が襲ってきた。日照りが続くと川はすぐ干上がって水不足になった。人々は毎年そのような災害と闘いながら暮らしていたのである。そして、その最大の原因は森林の劣化だった。そのような意味で、豊かに生い茂った現代の森と比べると「里山は一種の荒地生態系」と言っても過言ではないと、私は思うのである。

日本人が里地、里山と呼ばれる自分たちがつくった〝厳しい〟自然環境の中で、どのように災害と向き合い、闘ってきたかは、次章で取り扱うこととしたい。

第三章●森はどう破壊されたか——収奪の日本史

前章で示したように、江戸時代から昭和時代前期にかけての森林の状況は現在よりはるかに貧弱で、まるで途上国の荒廃した山地と見間違えるほどであった。また、この荒廃はほとんどが里山と呼ばれる地域で起こっていた。しかし現在の森林の状態は、前章で示した状況とはかなり異なる。日本の森林はいつからこのように荒廃したのか。現在はどのようになっているのか。そして、それはいったいどうしてだろうか。また、前章で見た状況下では山崩れや土石流などの土砂災害、洪水の氾濫、飛砂の害などが頻繁に発生していたという。その実態はどのようなものだったのか。日本人はそれらとどう闘ってきたのだろうか。

実はこの疑問を解消しなければ、言い換えれば——日本の国土環境はどのように変遷してきたのかを正確に理解しなければ——現代の森林問題、否、森林問題ばかりでなく、河川、ダム、海岸、さらには海岸林などの国土環境にかかわる多様な問題の確かな解決策は見出せない。本章では日本の国土環境の変遷を、森と日本人との関係を中心にたどってみる。

一　劣化の始まり

前史時代の森林利用

日本人は縄文時代以前は森の中で暮らしていた。また、前章で「日本人は稲作農耕〝森林〟民族だった」と述べた。森林の利用は、たとえそれがどんなに小規模なものであっても森林に変化を引き起こす。人が定住し、小さいながらも集落をつくるとそのまわりの暗い原生林は明るい森に変わり始める。すなわち、燃料を集めたり、山菜やキノコを採取したり、クリやクルミなどの有用な樹種のみを残したりして小規模ながらも伐採や草刈りが始まると、その跡地には光を好む植物が侵入し樹冠を形成する。

五千五百年前から千五百年間ほど続いたという有名な青森県の三内《さんない》丸山遺跡に見られるように、縄文時代も中期の終わりごろになると、燃料のほか、簡単な住居や道具の材料としての木材の利用とともに、一部でヒョウタン、豆類、ゴボウ、アサ、エゴマ、アカザ、ヒエなどの農作物やクリ、ウルシの栽培も始まり、一方で、山菜の採取や小規模な開墾、さらには焼畑などのための積極的な火入れ（土地を肥やすために枯草や小さい木を焼くこと。野焼き）も行われ始めた。これが里山化の始まりであり、同時に森林の劣化の始まりでもあった。

さらに弥生時代早期に水田稲作の技術が伝来する。最初の水田は、水が得やすく、また少人数でも管理しやすい谷地《やち》、すなわち台地や丘陵地や低山帯内の谷や小扇状地にまず開発された。この時代の文化を今に遺すものとして地名や人名が挙げられるが、「山田」や「小山田」という名字は文字どおり山の中の田んぼを表している。「山田の中の一本足の案山子《かかし》、天気のよいのに蓑笠《みのかさ》つけて……」である。しかしこのころには畑地の拡大や里山の利用も進み、すでに里山の一部では火入れの結果として草地化も始まっていたようである。

古代の荒廃

その後、弥生時代前期のうちに水田稲作は西日本から中部日本にまで広がった。稲作による生産力の高まりは人口の増加、集落の成立をうながし、やがて富の余剰を生み、豪族が台頭するようになる。たとえば奈良盆地では時代とともに集落の数が増すが、古墳時代前期になるといくつかの集落を統合した政治権力の中枢が現れ、集落数はむしろ減少するという。するとその組織力によって小河川の沖積《ちゅうせき》平野まで開発が進み、さらに人口も増え、木造の建物も建てられ、里山に対する利用圧も高まる。こうして、記録の少ない空白の四世紀、大王《だいおう》の時代といわれる五世紀を通じて、筑紫《ちくし》、出雲《いずも》、吉備《きび》、畿内《きない》地方などで水田の開発、平地での「野」の拡大、里山の森林の劣化、柴山化、草山化が徐々に進んでいった。

わが国に古代国家が成立した記紀や万葉の時代になると、当時の自然環境の状態を記録の形で知ることができるようになる。古代国家の基礎は稲作であり、水田稲作村落は基本的生産組織として日本に定着し、ため池の築造もあって水田の開発は進み、人口はますます増加した。このため、政治の中心にあたる地方やそれを支える地方では生活用林としての里山の拡大が進んだ。同時に寺院などの巨大な建造物の建設や、宮廷や豪族の屋敷が連なる古代都市の建設は、大規模な用材需要を生み出した。こうして建築用木材の大量伐採という森林資源の本格的利用が、最初は近隣の森林から、しかし資源の枯渇によりほどなく遠方の森林にまで及ぶようになったのである。

建築用材として大径木《たいけいぼく》(直径の大きい木、すなわち太い木)が伐採された跡地は火入れが容易になる。したがって、こうした伐採跡地が焼畑化される事例は途上国では二十世紀後半に各地で発生し、熱帯林減少の原因となってきた。日本など温帯地域においても、同様のプロセスで焼畑や火入れによる草地化が古代から続いてきたものと見られ、灌木《かんぼく》が大部分を占める柴《しば》山やほとんど草本《そうほん》で覆われた草山の拡大につながったものとみられる。

記紀や万葉集などの記述を詳細に調べた有岡利幸《ありおかとしゆき》(二〇〇四)によると、雄略天皇が四六〇年ごろに葛城《かつらぎ》山(奈良県と大阪府の県境)に行幸したとき、周囲の山はすでに樹木のない状態で(『古事記』下巻雄略天皇記)、麓《ふもと》には古代の邑《むら》と水田が広がっていたという。また、崇神《すじん》天皇に関する『日本書紀』の記述から推定する(時期は不明)と、都が奈良に移る以前から大和国《やまとのくに》(奈良県)と山背国《やましろのくに》(京都府)の境の木津川辺りは交通の要衝であり稲作もさかんな土地であったが、当時すでに原生的な植生はなく、野原が目立ったという。時代が下って、飛鳥時代に藤原宮造営のために近《おう》江国《みのくに》の田上《たなかみ》山から伐り出されたヒノキ材を運ぶ人が詠んだ万葉集巻一の長歌からも、同様のことが推察できるという。

崇神天皇の部分は不確かであるが、藤原宮造営時代の状況は確かなようで、六世紀を過ぎて飛鳥時代には、大和国など当時の日本の中心地域では周辺の山に巨大建造物用の大径木はすでになく、田上山など近隣諸国の山から調達する状況になっていた。里山では柴山化、草山化が進み、鬱蒼《うっそう》とした森は存在しなかった。

とくに、飛鳥浄御原宮《きよみはらのみや》や藤原京など何代にもわたって都が置かれていた奈良盆地の南部の飛鳥の地は、早くから宮殿、寺院、豪族の屋敷、民家などの建築用材、燃料、刈敷《かりしき》などが飛鳥川流域全体から採取されていたため、水源にあたる南淵山や細川山の一帯ははげ山化していて飛鳥川は暴れ川であった。このため、天武天皇は六七六(天武五)年に「南淵山、細川山は草木を切ることを禁ずる。また畿内の山野の、もとから禁制のところは勝手に切ったり焼いたりしてはならぬ」としてこの山一帯の禁伐や近畿諸国の草木の保護を命じている(『日本書紀』巻二九)。この勅令は日本で初めて山地災害の防止を目的として森林などの伐採禁止を命じたものであり、森林荒廃は飛鳥時代に始まっていたことを示す史実だろう。なお、『播磨国風土記《はりまのくにふどき》』には、水田に落葉や若葉、若芽などを敷き込む刈敷がすでに行われていたことを示す記述もあるという。これは農用林としての里山の利用もすでに始まっていたことを示している。

マツはいつ定着したか

ところで、万葉集に詠まれている樹木の種類を調べてみると、もっとも多いのはウメで百十八首。ついでマツが七十六首であるという。マツは日本人好みの木と言われ、マツに関する著述は多いが、ここでは只木《ただき》良也《よしや》（二〇一〇）を中心に参照しよう。まず、福井県鳥浜遺跡（六千五百年前から五千年前）や静岡市の登呂遺跡（約二千年前）などの縄文時代の遺跡からは人々がマツを用いた痕跡は出てこないという。さらに卑弥呼（三世紀前半）に関する『三国志』魏書東夷伝倭人条に記載されている樹木名の中にもマツは見あたらないという。

一方、日本書紀に「茅渟県陶邑《ちぬのあがたすえむら》」と記されている大阪市の泉北《せんぼく》丘陵では古代から窯業《ようぎょう》がさかんであったが、その跡地（陶邑窯跡群《ようしぐん》）の調査で見つかった、当時使われていた木炭の調査から、年代の古い窯《かま》の木炭はほとんどがカシなどの広葉樹で占められていたが、六世紀後半からアカマツが増え始め、七世紀後半になるとほとんど全部がアカマツに代わってしまうという。これらから只木は、六世紀以降には周辺の照葉樹林が伐り荒らされて、次第にマツ林に代わってきたと考えるべきであろうと結論づけている。

マツは、人類が文明を発達させる前の寒い時代には森林の主役を占めるほどに繁栄していた樹種であるが、一万三千年前に始まった温暖化によって暖温帯広葉樹に追われるように分布を縮小させ、六千年前ごろの縄文海進時代以降に現在の原植生分布地に落ち着いたと言われる。その結果、日本の原植生分布においては乾燥気味の尾根筋などを中心にそれほど目立つことなく存在していた。そのマツが、人々が森林を利用することによって起こる原植生の劣化、すなわち森林の立地環境の変化によってふたたび勢いを取り戻してきたというのが前述の現象の背景に存在する事情である。その後のマツ林の変遷は只木の著書に詳しいので省略するが、マツ林は森林の劣化・荒廃の指標植物と考えてよく、本書でも今後もたびたび登場する。

都の近辺で大伐採

飛鳥時代に律令国家が成立し、公地公民の制度が大和朝廷の支配地に行きわたるが、さらに都が奈良盆地の北部に移って平城京が完成することにより人口十万人と推定される古代の大都市が成立した。その後もたびたび遷都が繰り返されて八世紀の終わりに平安京が完成すると、ようやくここに古代都市の建設が一段落する。平安京も人口は十万人から十五万人と推定されている。

こうして飛鳥時代から平安時代初期まで、すなわち七世紀初頭から九世紀中葉まで都の造営や寺院の建立が続き、大量の建築用材が消費された。日本における大径木の伐採圏の変遷を推定したコンラッド・タットマン（一九九八）はこの時期の天然林の伐採を「古代の略奪」と称し、西暦八〇〇年代までに近畿地方中央部の大径木はほとんど伐採し尽くされたと推定している（後出、図3－3）。

古代も終わりに近づく十一世紀初頭の摂関時代には蝦夷地《えぞち》を除く日本全土に農耕社会が拡大し、水田稲作を介した農民と里山の関係が成立した。その結果、水田は谷地だけでなく沖積平野にも広がり、水田を取り巻く緩斜面は畑に、台地上やなだらかな丘陵地は灌木や草本の原野に、低山帯は柴山や草山になった。原野や柴山、草山ではさかんに火入れが行われ、その一部では焼畑が行われた。地方では、たとえば宮城県北部地方は八世紀前半までにすでに朝廷の支配下にあったが、そこでの農民の住居は十世紀ごろも竪穴式で、その暮らし向きは初期の稲作農耕社会の状況を呈していた。しかし、農民と里山の関係は基本的に変わらなかったと思われる。

一方、近畿地方中央部では、杣《そま》と呼ばれる里山の奥の天然林の地域から建築用材が杣人《そまびと》によって伐り出されたため、前述のようにすでに大径木は枯渇していた。また、山地の一部ははげ山化して大雨が続くと土砂が流出し、河川は氾濫した。とくに、畿内に隣接し、ヒノキの良材を産出した近江国の田上山地区は完全にはげ山化していたことが知られており、大戸《だいど》川や宇治《うじ》川はすでに荒廃河川となっていたようである。

領主の支配が及ぶ

律令制による統治が厳格に実行されていた七世紀後半から八世紀初頭にかけては、水田を取り巻く周辺の里山は水田及びそれを耕作する農民が必要とする水や燃料の供給地として、中央の支配者層に管理されていた。大宝律令（七〇一年）に見える「山川藪沢《さんせんそうたく》の利は、公私《こうし》これを共にす」は、草木、用水などがともすれば豪族らによって占められることを防いで農民が利用できるようにするためで、以後もたびたびこの種の令が発せられていた。しかし、人口の増加に新田の開発が追いつかず、班田収授法にもとづく公地公民の制度や、租庸調の税制が次第に崩れていく。そして、三世一身法（七二三年）や墾田永年私財法（七四三年）の成立を経て荘園（貴族・社寺が私有した領地。新たに開墾された田地がもととなった）が発達する。

いま荘園の発達を在地の実質的支配者に焦点をあてて整理すると、第一期は八世紀後半のいわゆる初期荘園の時代で、この時代の荘園は中央政府である大和朝廷の水田開発が名目であったため、貴族や大寺院などの荘園領主は国司や郡司の協力を得てこれを直接経営した。しかし、当時の荘園は荘所（屋舎）と墾田があるのみで荘民（荘園で耕作する農民）はいなかった。荘園といえどもまだ中央の影響力が強かった時代である。この初期荘園は九世紀に入ると不輸（租税の免除）が認められなかったこともあって衰退した。

図 3-1　中世の荘園（「伯耆国河村郡東郷庄之国」東京大学史料編纂所所蔵）

第二期は十一世紀前半を中心とした摂関政治全盛期で、荘園が発達していく時期と言える。すなわち、朝廷の力が衰え、その引き締めにもかかわらず荘園は増加し、結局は朝廷自身が直営の公営田《くえいでん》や官田を設けることになった（図3－1）。

すなわち、十世紀に入ると、一国の統治は国司に任されるようになり、任国に赴任した国司の最上位にある受領《ずりょう》の中には巨利を上げるものも出た。受領は田堵《たと》と呼ばれる有力農民に公田の経営、さらにはその徴税までを請け負わせるようになり、律令制の形骸化がさらに進んだ。田堵の中にも受領と結んで大規模経営を行うものが現れ、大名田堵と呼ばれた。

十世紀半ばになって国司の権限が強まり、国司が任地内の荘園の不輸を認める権限をもつようになった。他方、大名田堵は独自の開発を進め、やがて国司とぶつかるようになり、摂関政治の全盛期になると、国司の圧迫を逃れて土地を中央の権力者に寄進し、実質的な荘園の経営権を手に入れた。

第三期は十一世紀後半から始まる院政時代で、荘園はさらに発達した。すなわち受領が任国に向かわなくなる一方で大名田堵はさらに開発を進めて受領のもとに連なる在庁官人となり、あるいは中央の権門勢家への寄進を進めて荘園を成立させ、開発領主《かいほつりょうしゅ》（在地領主）と呼ばれる地方の支配者に成長した。彼らは勢力を拡大するためには武装もする兵《つわもの》（地方の武士）のはじまりでもあった。そして、武家屋敷は後に所領開発やその私的支配（村落支配）の拠点となった。この第三期は荘園の最盛期であり、荘園領主には莫大な財が蓄積され、領家と呼ばれた。また荘園がさらに上級の領主に重複して寄進されたため、領主側にも序列がつき、上級の領主は本家と呼ばれた。

こうして地方にも実力者が現れると、都の朝廷ばかりでなく地方の支配者層も、宮殿や社寺、あるいは屋敷や山城などの建設に必要な大径木の採取を通じて奥地林の動向にも関心を寄せるようになった。また、山間地の開発はすでに平安時代の初期から始まっていたが、後期になると前述のように開発領主による文字どおりの開発が進んで、地方の支配者が実質的に農民と奥地林まで管理するようになった。しかしかえって里山では農民自身の力が強まるようになったとの見方もある。

荘園領主と開発領主の関係は武士の世の中となった鎌倉時代以降も基本的には変わらず、旧平氏方の荘園には地頭が送り込まれ、源氏方では開発領主がそのまま地頭となることが多かった。すなわちこの時代は荘園の変遷の第四期に相当するが、荘園領主と開発領主の関係が荘園領主と地頭の関係に置き換えられたに過ぎなかった。この関係は室町時代には守護大名と守護代・国人との関係に受け継がれ、次の戦国時代になって戦国大名として統一されることとなった。つまり、第四期以降は地方の支配層の勢力が徐々に増大し、荘園領主の力は次第に衰えていった。

森が人里を離れる

こうした荘園に見る権力構造の変化のもとで中世の里山はどのように変貌していったのであろうか。ここでは備中国新見荘《びっちゅうのくににいみのしょう》（現岡山県新見市）をモデルとした石井進《いしいすすむ》ほか（一九八六）の中世の村の土地利用の分析を参考に推測してみる。この荘園は岡山県の西北端に広がっていて、初めは皇室領、鎌倉時代末からは東寺《とうじ》領となった荘園である。

平安時代後期（前述の第三期）には谷の奥に百姓の名《みょう》（村落）、谷の出口や大川までの緩傾斜地に領主の名があり、名内の屋敷の周囲や山腹には広大な焼畑が広がっていた。名主は田畑と水利権を支配し、作人《さくにん》が従属していたが、名は焼畑などの共同体としての性格も強く有していた。このころ、可耕地での耕地と荒地（原野）の割合は五対五であったと推定されている。

鎌倉時代（第四期）になると作人が耕作地開発や用水技術を習得して名の共同体から自立し、これにともなって焼畑は急激に減少し、一部に山畑が残るのみとなった。緩傾斜地には地頭の屋敷ができ、やがて東国から導入された技術で大川から水を引き河原に水田を開発した。可耕地での耕地の割合は六割、七割と増加し、耕地のうちの八割は水田、残りは麦畑だった。また市場《いちば》ができ、室町時代に入って商工業も発達した。このころになると山地の焼畑はほとんど見られなくなったが、森林は山頂の一部に残っていたに過ぎないと思われる（図３－２）。

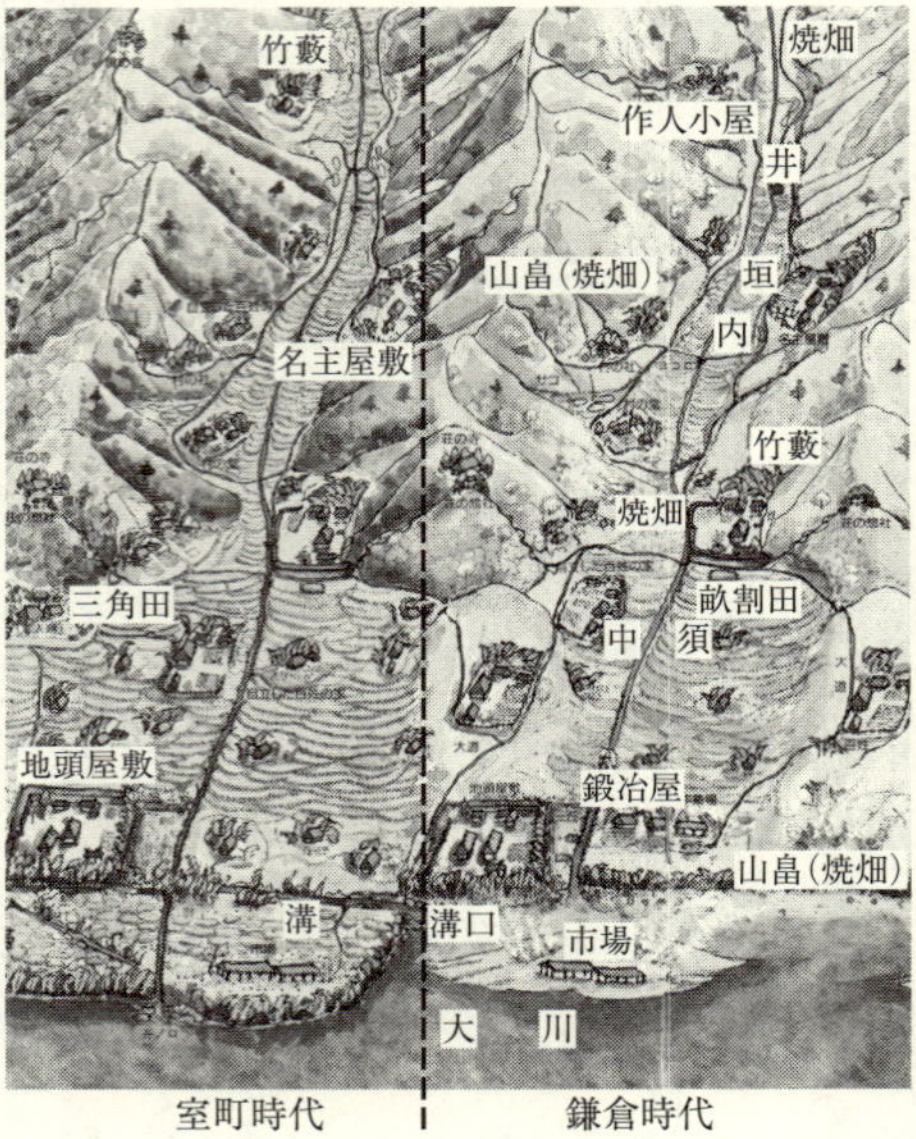

図 3-2　中世の農村風景（朝日新聞社〔2002〕より）

西日本のこのような村の変遷に対して東日本では少し異なるようである。東日本では台地や丘陵の緩傾斜地の上におそらく平安時代以前から広大な原野が広がっていたが、戦乱が続く平安時代後期から馬の利用がさかんになり、牧《まき》（放牧地）の発達を見た。神奈川県海老名《えびな》市の上浜田《かみはまだ》遺跡は東国武士の中世の館の貴重な遺跡で、その復元によれば、館は丘陵の斜面にあり、谷には水田と作人の小屋、丘陵上には馬の放牧を行う牧があった。おそらく東国地方でも、鬱蒼とした森はすでに遠く離れた山地まで行かねば見られなくなっていたと思われる。

建築材を求めて全国へ

一方、中央政府の建物や寺院、地方の武士の屋敷や社寺、山城などを建設する用材はこの頃どのように調達されていたであろうか。すでに建築用材、とくに大径木は平安時代中ごろまでに近畿中央部では枯渇していたので、古代から続く大寺院や神社では社殿の修復にも苦労したようである。したがって、これらの寺社は次第に調達の範囲を広げていった。

たとえば、奈良時代の東大寺造営には近江田上杣《たなかみ》から、平安時代初期の都城の造営では丹波の山国杣《やまぐに》から調達された。しかし、鎌倉時代の大仏再建では遠く周防国《すおうのくに》の佐波川《さばがわ》杣に木材を求めている。南北朝時代にはさらに東山道の美濃《みの》や飛驒《ひだ》、南海道の阿波《あわ》や土佐《とさ》にまで調達先は広がっていった。

伊勢神宮では二十年に一度、社殿を建て替え神座を新殿に遷御する式年遷宮が行われている（木村政生〔二〇〇五〕）。天武天皇によって制度化されたもので、持統天皇の六九〇年に内宮《ないくう》、その二年後に外宮《げくう》で行われたのが第一回で、二〇一三年には第六十二回が行われる予定である。この式年

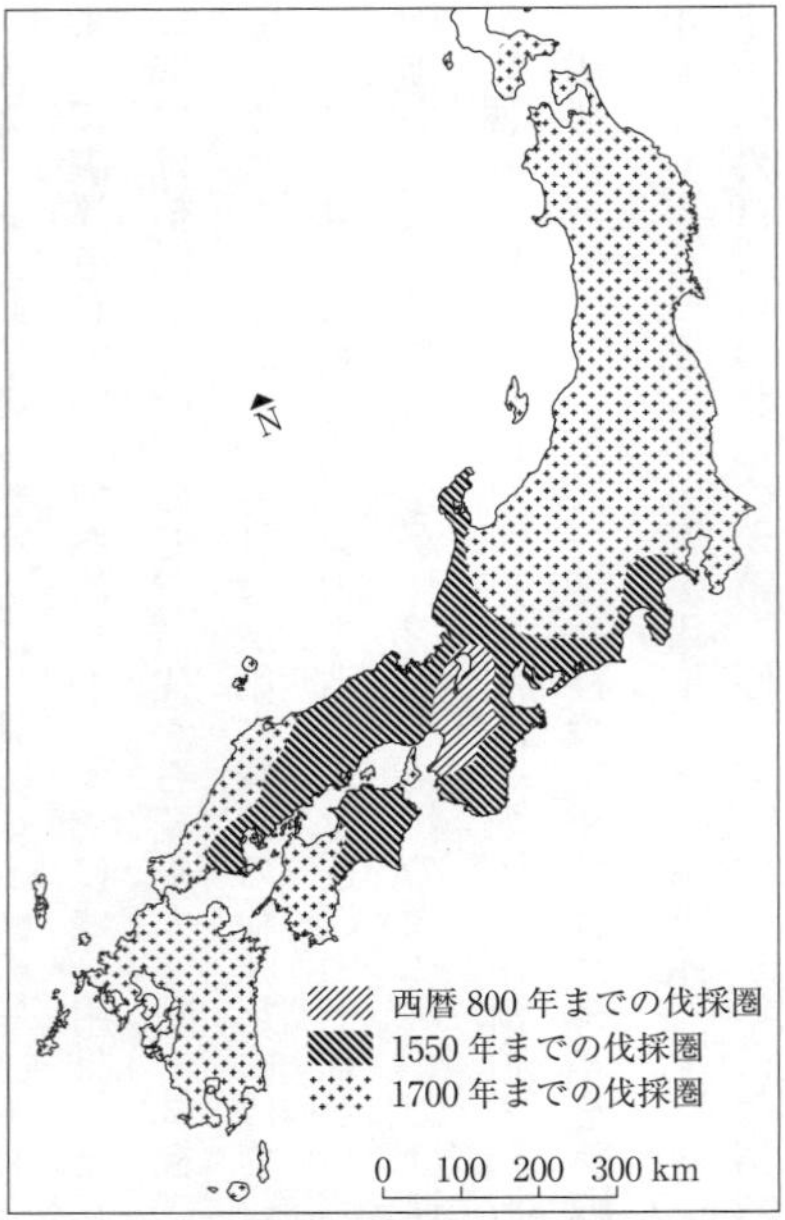

図 3-3　記念建造物のための木材伐採圏（タットマン〔1998〕より）

遷宮に使われる用材の調達先を見ると、いかに用材の確保に苦労してきたかがわかる。たとえば、式年遷宮の次第をしるした『延喜式』は、二十年に一度の殿舎の造替、御神宝装束の調達を定めているが、用材については、新材に古殿の旧材を加工して使用して差し支えないとしているように、古代から古材のリサイクルが行われていた。

　式年遷宮のための社殿造営に用いられる用材を伐り出す山林は「御杣山《みそまやま》」と称され、勅許による御治定《じじょう》によってそのつど決定された。当初、御杣山は、内宮は現在の神宮宮域林一帯の神路《かみじ》山、外宮は神域の高倉山であったが、外宮では三十回までは宮川を奥地に向かって伐り進み、三十一回（一二六八年）に宮川上流大内山川に移った。内宮では一三〇四年の遷宮で初めて宮川上流江馬山に移った。

　その後、大径木を求めて、御杣山は三河の設楽《したら》山、裏木曽の美濃白河山、美濃北山、そしてふたたび宮川上流の江馬山、大杉山と移動した。さらに大杉谷の奥深くまで伐り進んだが、江戸時代の元禄期ごろにはほとんど伐り尽くされてしまった。そこでふたたび木曽谷の湯舟沢《ゆふねざわ》山（尾張藩の留《とめ》山《やま》、後述）から伐り出された。一七八九年には一度大杉山に戻り、このときは大台ケ原直下まで入ったが、ここは現在でも容易に人が近寄れない奥地で、このときの作業はきわめて過酷なものであったという。一八〇九年には再々度木曽谷の湯舟沢山やそれに隣接する蘭山に戻っていった。

このように、大径木に関しては近世に入ってさらに不足し、需要の地を遠く離れた奥山から調達せざるを得なくなった。室町時代から戦国時代にいたっては地方の大名も大規模な城郭の建設を始めるようになり、前述のタットマンによれば、用材林の伐採圏は一五五〇年ごろまでには近畿地方全域に加えて、東海、北陸、中国東部、四国東部の奥山に拡大したとされる（図3－3）。

里山の収奪が進む

これまで述べてきたように、農耕社会では人口が増加すると食糧生産のために農地が開発され、同時に燃料や飼料、鎌倉時代から一般化したという説もある肥料用の落葉落枝《らくようらくし》（おもに堆肥用）や、下草、若芽や若葉など（緑肥用《りょくひ》）の採取により周囲の森林が収奪される。そのため、森林面積が減少し、残った森林の質が低下する。さらに都市の発達は建築用材利用を目的とした伐採圧力を強め、これをきっかけに森林の劣化は一段と進む。したがって、農耕社会で人口の増加が続けば、森林面積の減少と森林の劣化も進み、それらは基本的には人口の増加に比例する。

日本の人口の増加速度は平安時代以降一時漸増に転じたが、鎌倉時代になると技術の発展によってまず手工業が発達した。さらに鉄製の鋤《すき》・鍬《くわ》・鎌《かま》の普及や牛馬の使用が進んで農業生産力が増大したため食糧ばかりでなく手工業を支える生物原料の供給も増え、製品の増産が可能になった。その結果市《いち》も立ち、商業活動が目立ち始めた。こうして人々と物資の往来もさかんになった。室町時代には、鉄製農具や家畜利用がさらに進み、水車の利用も始まって水田の二毛作、畑地の三毛作も行われ始めた。そのため、商工業も発達し、鋳物《いもの》や油、麹《こうじ》や綿など広域にわたる商いも活発になった。応仁の乱から戦国時代になると、世の中の乱れとは裏腹に、戦国大名のもとで農耕地の開発が進み、各種商工業も大名の庇護《ひご》を受けていっそう発達した。その結果、とくに室町時代以降、人口の伸びはふたたび高まった。

このように人口が増加し、産業が発達すると当然ながら山地・森林の木質バイオマスへの依存度も高まる。とくに人口が集中していた、現在の京都、奈良、兵庫付近では人々は里山の薪炭林の深刻な不足に直面しており、建築材ばかりでなく燃料材まで淡路島や讃岐《さぬき》、阿波に依存するようになった。日本の森林は里山を中心にその蓄積を徐々にではあるが確実に減少させていったのである。

二　産業による荒廃の加速

都市を遠く離れた地方でも、局所的には森林の劣化・荒廃が激しく進む場所があった。すなわち、商工業の発達によって、中には大量の燃料を必要とする産業もあるのでその産地では燃料材の需要が増し、森林への利用圧が高まる。その代表としてここでは製塩業、製鉄業、窯業を挙げることにする。

「塩木」となる

塩はおそらく文明の始まる以前から私たち人類の生活になくてはならないものであっただろう。鉱物の塩を産出しない日本では、縄文の時代においても製塩土器に海水を入れて煮沸《しゃふつ》する塩づくりが各地で行われていた。古代、文献に現れる塩の産地は若狭《わかさ》や瀬戸内海東部地方が多い。海草を燃料にして「藻塩《もしお》を焼く」こともあった。八世紀ごろになって本格的な製塩作業を行う塩浜が現れる。製塩作業は海水の水分を蒸発させて塩分濃度の濃い鹹水《かんすい》を得る採鹹《さいかん》工程と、その鹹水を煮詰めて塩を得る煎熬《せんごう》工程の二つに分けられる。採鹹工程では干潟を利用する「自然浜」方式に始まり、鎌倉時代には満潮潮位より高いところに海水を汲み上げる「揚浜《あげはま》」方式が現れ、江戸時代には「入浜《いりはま》」方式が一般的となった。入浜方式は満潮時の海水を閉じ込める堤を築くもので、大規模かつ効率の良いものである。このように時代とともに新しい方式が開発されていったのは、次に述べる燃料材の節約のための工夫であった。

すなわち、製塩は煎熬工程で大量の燃料材を必要とした（図3－4）。江戸時代の例ではあるが、一町歩《ちょうぶ》（約一ヘクタール）の塩田で一年間に千二百石（約二百十六立方メートル）の塩が採れるが、

図 3-4　江戸時代の製塩風景（『播磨名所巡覧図会』より）

その燃料を得るためには七十五町歩の森が必要になるという計算がある。そのため、得られる薪の量によって製塩の規模が決められるとともに、薪が得られなくなるとその地域の製塩業は衰退した。その薪を得る一般的方法は専用の「塩木山」をもつことであった。したがって、製塩に携わる人々にとっての塩木山は農民にとっての里山農用林と同様の役割を果たした。

古代から中世に変わるころは荘園経営が隆盛をきわめた時代で、この時代にはおもに北陸、伊勢・志摩、瀬戸内海全域、西北九州などの荘園が製塩を担っていた。瀬戸内海地域の塩浜をもつ荘園では荘民が、田畑で得られる米（塩木米）、麦（塩木麦）の代わりに塩木山の薪を燃料として製塩を行い、それによって、年貢を納めた（塩年貢）。一方若狭では、田畑をもたない海民（海辺や海上を生活の場とする人々）が塩木山の伐採を請け負って製塩し、塩年貢とした。こうして、製塩業のさかんな地域では塩木山の薪や柴が大量に燃料として消費され、森林の劣化が進むこととなった。なお、伊勢神宮など一部の社寺では製塩を専門とする神人《じにん》が塩木を購入して製塩していた。

江戸時代になると全国的に需要が増加したが、一方で海、陸の両方で流通業が発達したため、晴天日数が多いなどの理由で効率的な製塩が行え、かつ流通網の発達した瀬戸内海沿岸での製塩がさかんになった。そのため、ほかの地域では価格的に引き合わなくなり、次第に衰退していった。有岡利幸の著書によれば、播磨、備前《びぜん》、備中、備後《びんご》、安芸、周防、長門《ながと》、阿波、讃岐、伊予の塩田は十州塩田と呼ばれ、各藩では競って塩浜を整備した。その生産量は一七六〇年ごろには全国の生産量の実に九割を占めていたほどである。製塩方法は入浜方式が主流であるが、揚浜方式も続いていたという。

その結果、瀬戸内海の島々や沿岸の山地では塩木の需要が増加し、塩木山の酷使によって森林の荒廃が急速に進んだ。それは十九世紀初頭に燃料が石炭にとって代わられるまで続いたという。瀬戸内海の各地での塩木供給の状況は有岡（二〇〇四）に詳しい。その一部を以下に参照する。

畿内に近い阿波国鳴門《なると》の撫養《むや》塩田での煎熬燃料は、薪類、カヤ、松葉、シダ、灌木の枯れ木、柴、ハギ、ツツジ、ウバメガシ、アシやカヤの根などで、できる限り安価なものが用いられた。とくに松葉は低価格なうえ火が長持ちし、温度変化が小さいため、良質の結晶ができるとしてよく使われた。こうした燃料は、最初は地元で、後には吉野川上流部から、さらには淡路島から「柴船」で運ばれるようになった。燃料供給地の拡大である。

製塩業の一大中心地、播磨国赤穂《あこう》でもマツ薪や松葉が多く用いられ、最初は塩田のまわりの山林から供給されていたが、やがて内陸の山林も必要になって、塩木山としての利用を内陸の村に申し込んだ。しかし、申し込まれた村も、その山はすでに伐り尽くされていて若木ばかりになっていたと当時の文書に書かれている。製塩燃料の不足分を村人が売る薪の購入でまかなうことも行われ、村人の中には盗伐して売るものも出たらしい。

一方、燃料は瀬戸内の島々からも供給されるようになる。それらもほとんどはマツ薪や松葉だった。また安芸国竹原塩田では広島藩が燃料用にマツを植林して供給するほどになった。また、同藩は伐採禁止木である留木《とめき》の中から製塩用マツを除外して使わせ、一方で自身の持山である腰林《こしばやし》を伐り尽した百姓は藩有林である留山の伐採を願い出ている。

このように塩木山ばかりでなく農民の山まで酷使されれば山地荒廃は進む。このような森林の劣化・荒廃を目の当たりにした著名な儒学者熊沢蕃山《ばんざん》は、森林荒廃の理由の一つに製塩燃料の伐採を挙げている。熊沢蕃山については後述する。

製鉄のための炭となる

製鉄もまた精錬のために大量の燃料を必要とした。鉄器の伝来に始まる古代の製鉄は別として、鉄の需要が飛躍的に伸びた十四、五世紀以降は中国山地が日本の製鉄業の中心地として機能し、原料鉄の大部分は泉州堺を通して、全国各地に分散・定住するようになった鋳物師や鍛冶のもとに送られた。その中国山地での製鉄業繁栄のきっかけとなったのは、鉄穴《かんな》流しによる製鉄原料の採取という技術開発であり、それがタタラ製鉄と呼ばれる製鉄技術の開発をうながした。

鉄穴流しとは、急傾斜の水流に製鉄原料となる山砂鉄を投げ込んで、土砂と小鉄《こがね》を分離させる方

図 3-5　タタラ製鉄（『日本山海名物図会』より）

法で、比重の違いを利用して選鉱する技術である（ほかに赤目《あこめ》砂鉄と呼ばれる川砂鉄を使う製鉄もあった）。また、タタラとは本来踏鞴《ふみふいご》の意味であった。鞴は炉内で燃焼する木炭に空気を送り込んで高温を得る装置で、自然通風→手動鞴→踏鞴と発達した。この踏鞴を用いて効率的な炉が開発されたことから、近世初頭にはタタラが製鉄用の溶鉱炉を指す言葉となった（図3－5）。それまでの炉は野タタラと呼ばれるように、露天で操業する小規模な炉であったが、踏鞴を備えた船型炉を経て近世には屋内で操業する高殿タタラが完成し、鞴も天《てん》秤《びん》鞴と呼ばれるさらに効率の良いものに変化していった。

鉄穴流しとタタラを組み合わせた製鉄が中国山地で発達した最大の理由は、花崗岩の深層風化により生じた真砂《まさ》と呼ばれる砂が砂鉄（山砂鉄）を多くふくんでいるからである。花崗岩の深層風化については後に詳しく述べる。そのほかにも鉄穴流しに都合の良い地形・雨量、労働力、そして木炭が得やすいことも重要な理由である。これらの理由により江戸中期の文献には播磨、但馬《たじま》、美作《みまさか》、因幡《いなば》、伯耆《ほうき》、備中、備後、出雲、石見《いわみ》、安芸の十カ国が鉄の生産地として挙げられている。

タタラ製鉄もまた製塩と同様に燃料材としての山地の森

林資源に依存していた。ここでも有岡の著書を参照する。砂鉄をタタラで精錬する一サイクルの工程のことを一代《ひとよ》といい、二、三トンのケラと呼ばれる鋼塊が得られる。それを握りこぶしぐらいの大きさに砕いて、品質によって鋼《はがね》と銑《ずく》鉄と鉄滓に分けられ加工にまわされるが、それぞれ三分の一程度ずつになったという。一代には十四トン程度の木炭を使う。この量の木炭はちょうど山林一町歩の原木から得られる。一つのタタラでは年間四十代の操業を行うため、それに必要な原木用山林は四十町歩になる。タタラを維持するために山林の樹木を二十年に一度伐採して使うとすると、一つのタタラが操業し続けるために必要な山林の面積は八百町歩という広大なものになる。製鉄業もその地方の森林に対する利用圧を高めるうえで有数の産業だったのである。

なお、炭を焼く方法には二種類あった。一つは地中に原木を積み上げて土をかけて蒸し焼きにする布焼《ふせやき》法で、軟らかい和炭ができ、これは火つきがよく燃焼温度が高いので、鍛冶屋で用いられ、小《こ》炭《すみ》と呼ばれた。もう一つは炭窯を築き密封した窯の中で乾留《かんりゅう》する方法で、消火方法も二種類ある。一つは密封した状態で消火する方法で、黒っぽいタタラ製鉄用の黒炭が得られ、ほかは火のついた炭をそのまま取り出して消化し、白炭を得た。これらは大炭《おおずみ》と呼ばれた。

大炭の原木としては、中国山地で多く生育するコナラ、クヌギ、リョウブ、アベマキ、ミズナラ、ブナ、イヌブナ、クリなどの広葉樹と低標高地のカシ類は材質が緻密で良質の炭になり、シデ、コブシ、サクラ類は良くない樹種、シイ、トチノキ、ハンノキ、イタヤカエデなどは標高の高いところの樹種とともにさらに不適な樹種であるとされた。

松江藩では藩の留山を御立山《おたてやま》、村の共有林を野山《のさん》、個人の所有林を腰林と呼んだが、御立山のうち製鉄用製炭のため民間に提供した部分を鉄山《かねやま》と呼んだ。タタラ製鉄を許可された業者は鉄師《かねし》と呼ばれ、松江藩では十八世紀以降、特権化され保護された。彼らには鉄山が割りあてられ、タタラ製鉄での利益に山林経営の利益を上乗せした運上銀を納めさせた。鉄師はさらに鉄山伐採跡地での馬の生産や鉄穴流し場の跡地の水田化も行い、大地主化していった。

このように中国山地では十四、五世紀以降タタラ製鉄用の製炭がさかんになった。もちろんこの地方でも農民は里山を頼りに稲作を行っていた。したがって、当然のことながら森林の劣化が進行した。当時の文書には鉄山の原木が払底《ふってい》して鉄師は腰林を購入して鉄山の拡大に努めていること、鉄山周辺の腰林で百姓が焼く木炭も購入していること、百姓が炭を高く売れる他国へ持ち出すことを禁止したことなどが記されている。こうして中国山地の森林は江戸時代後期から一九〇一年に官営八幡製鉄所の高炉から大量に鉄が生産され始めるまで、強度の利用圧にさらされて荒廃していた。

なお、山地荒廃の観点からは鉄穴流しの影響も無視できない。鉄穴という用語は、もともとは花崗岩の真砂から掘り取った砂鉄の置き場を意味したが、後には真砂の堀場（鉄穴山）そのものあるいは選鉱過程もふくめた意味で使われている。選鉱の場（下場）は真砂を投げ込む山池とそれに続く山裾に傾斜をつけて掘られた溝（樋）とからなり、真砂の九八％は水とともに下流に流出していく。したがって、真砂の堀場、山池、溝、下流の土砂の堆積地などは植生のない裸地であり、大雨ともなれば大量の土砂が流出する。これは山腹傾斜地ばかりでなく谷筋や山間平地部の荒廃を引き起こし、土砂災害の原因となる。しかし、一方で下流の土砂堆積地は水田化され米の増産に役立つことにもなった。実際の中国山地では、人々はタタラ製鉄と稲作の両方が成り立つように工夫していたものと思われる。

焼き物のための燃料となる

産業の発達による森林の劣化・荒廃の第三の例として、窯業を挙げよう。この項でも中世後期以降を見ていけば良いだろう。陶磁器の生産が飛躍的に伸長する時代だからである。

この時期の窯業の発展は、まず戦国時代の十六世紀初め、当時の最先端地の瀬戸窯、美濃窯でこれまでの地下式窖窯《あながま》に代わって大量生産が可能な半地下式の大窯《おおがま》が開発されたことに始まる。無釉《むゆう》(うわぐすりを塗らないこと)の焼き締め陶器の生産地であった備前や常滑《とこなめ》でもトンネル窯がつくられ、大量生産が始まった。さらに十七世紀には、肥前《ひぜん》で中国・朝鮮由来の連房《れんぼう》式登窯《のぼりがま》(山の斜面に沿って小さい窯が連なり、下のほうで火を焚くことで熱が上方に伝わっていく構造の窯)がつくられ、本格的な磁器の生産が開始された。こうして十六世紀以降、全国各地で特色ある窯業が発達し、それぞれ大量の陶土や燃料材が消費されることとなった。

その実情を瀬戸窯に見てみよう。愛知県瀬戸市は私には馴染み深いところである。そこには昭和の初めに東京大学の愛知演習林(現在の生態水文学《すいもんがく》研究所)が設置され、森林水文現象の観測や緑化技術の実験が長年にわたり実施されてきており、私も何度も通ったからである。

瀬戸には早くも五世紀に須恵器《すえき》の製造技術が伝わっていたが、九世紀に日本で初めて植物灰を釉薬とした灰釉《かいゆう》陶器がつくられた。十世紀後半には百基ほどの窯ができて窯業が始まり、十一世紀の終わりごろから室町時代にかけては地下式の窖窯での無釉の山茶碗生産に変化していった。その一方で、鎌倉時代初めから室町時代中期まで、中国や朝鮮の陶磁器を模倣する形で、中世日本で唯一の施釉《せゆう》陶器である「古瀬戸」の生産が行われた。特徴ある陶器としての「瀬戸焼」はこのとき誕生したといわれる。

前述のように十六世紀初めになると、燃焼効率のよい地上式の大窯が開発される。しかし窯業の中心は次第に美濃地方（現岐阜県多治見《たじみ》市、土岐《とき》市など）に移り、瀬戸焼の名称で黄瀬戸《きせと》、志野《しの》、織部《おりべ》など特徴ある焼物が現れたが、瀬戸では一時衰退した。

瀬戸でふたたび窯業がさかんになったのは、江戸時代に入った十七世紀、初代尾張藩主徳川義直《よしなお》が美濃から著名な陶工を呼び戻して以降のことである。窯は大窯と新たに伝わった連房式登窯で、地区ごとに特徴をもった製品が大量に生産された。十八世紀後半になると瀬戸でも磁器の生産が始まる（陶器は本業焼《ほんぎょう》、磁器は新製焼あるいは染付《そめつけ》焼と呼ばれた）。磁器については十九世紀に加藤民吉《たみきち》が肥前から新技術を伝え、以降瀬戸焼は大発展するにいたった。瀬戸の磁器は瀬戸染付と呼ばれ、連房式登窯が使われた。

陶磁器の材料には良質の素地土《きじつち》を必要とする。その成分は粘土、長石《ちょうせき》、珪石《けいせき》であるが、瀬戸ではそれぞれ成分の異なる木節《きぶし》粘土、蛙目《がいろめ》粘土、砂婆《さば》（風化花崗岩）などの陶土を混合して使われた。

窯と燃料の関係については次のような歴史がある。

縄文式土器、弥生式土器、古墳時代の土師器《はじき》の焼き方は、窪地で大きな焚き火をするようないわば「野焼き」の形であり、燃焼温度は六百度から八百度であった。古墳時代に須恵器とともに朝鮮半島から伝わった窖窯は、焼成室をもつことで高温を得ることができ、燃焼温度は千二百度以上に達した。窖窯はまず千数百年前から平安時代まで日本の陶器生産の中心地であった大阪府の陶邑窯跡群と呼ばれる地区（現泉北ニュータウンの団地地区）に伝わり、それが名古屋市の東山古窯《ひがしやまこよう》を経て瀬戸市猿投山古窯《さなげやま》地区に伝播したのである。

燃料の薪は、火力が強く、炎が長く、灰が少ないものがよいとされ、マツ、とくにアカマツが使われた。窯の近辺に燃料がなくなると別の場所に移動したため、多くの窯跡が残されることになった。陶邑でも須恵器を焼かなくなったのは、五百年間かけて燃料材を採り尽くしたためで、このときの燃料材の取り合いは『日本三代実録』に「陶山の薪争い」として記載されているほどである。

地上式の焼成室をもつ大窯ができたのも、窯が乾きやすいという燃料の効率を考えてのことである。また、連房式の登窯は余熱を利用するのでさらに効率が良かった。そして江戸時代後期からは燃料として石炭の利用が始まった。

このように、瀬戸では窯業の歴史が古く、とくに江戸時代に入って生産量が増加した。このため瀬戸の里山は、農用林、生活林としての役割ばかりでなく、登窯の設置、陶土の掘削、燃料材の採取によって荒れ果てた。荒廃の様子は多くの図絵に描かれているとおりである。

製塩業や製鉄業と同様に、窯業の地では燃料材の採取を中心として里山への利用圧が高まり、その地の森林の劣化・荒廃が助長されることになった。瀬戸焼だけでなく信楽焼や備前焼の産地は、花崗岩類からなる特にはげ山化しやすい地域であり、状況はより深刻であった。

三　山を治めて水を治める

三倍増した人口

以上のように、日本の森林は古代から中世を通じて、先進地域を中心に、基本的には人口の増加とともに減少・劣化してきた。室町時代以降は製塩業、製鉄業、窯業などの産業の発達にともなう劣化も始まった。また森林の動向に関係する多くの研究分野でその劣化・荒廃の記録や歴史が断片的に語られてきている。しかし、日本の国土全体を見渡したとき、森林をふくめてわが国の土地利用は全体ではどのような変遷をたどってきたであろうか。それを正確に定量的に推定することは容易ではなく、これまであまり試みられていない。そこで、私の個人的推定もふくめて、過去二千年間の日本の森林及び土地利用の変遷をグラフ化したものを示す。

図3－6は依光良三《よりみつりょうぞう》（一九八四）が推定した各種森林利用及び土地利用の変遷図に、その後のいくつかの報告書の知見と私の解釈とをもとに「荒廃山地」と「採草地・焼畑等」を推定・加筆して作成した「森林利用及びその他の土地利用の変遷図」である（二〇〇一年に公刊したものに微修正

を加えた)。この図で「採草地・焼畑等」は灌木と草本が主体の柴山あるいは原野などもふくめた「森林の衰退地」を表している。原図の各種森林面積の変遷は依光が、蓄積一ヘクタールあたり二百立方メートル、伐採齢五十年の人工林を想定し、一人あたり木材需要量年間一立方メートルと仮定して、各時代の人口から推定したものであるが、古代の人口を多く見積もっているので、多少修正した。

これまでに詳細に述べてきたように、飛鳥・奈良時代から山地の荒廃は始まっているが、グラフ上に表現できるのは平安時代以降だろう。また、焼畑や原野はこれまで認識されている以上にかなり早い時期から広がっていたものと思われる。しかしこの図でもっとも目立つのは、一五〇〇年ごろ以降の急激な森林の劣化・荒廃であろう。とくに江戸時代の中葉以降は、現在私たちが眺めているような豊かな森林は、国土の半分以下にまで減少していたことがわかる。やはり江戸時代は山地荒廃の時代なのである。

その原因を探るために日本の人口と耕地面積の変遷のグラフを見てみよう(図3－7)。すると予想どおり、日本の人口は十五世紀中葉から十八世紀初頭までに約三倍に急増していることがわかる。この間、耕地面積も三倍程度に増加している。つまり、日本の森林全体の劣化・荒廃は、戦国時代から江戸時代初期にかけての人口の増加と深い関係をもっていると考えられる。

応仁の乱に始まる戦国時代は、中央の政治の混乱とは別に、戦国大名は自身の支配権を確立しようと富国強兵を目指し、あたかも独立国のように軍事・経済体制を固めていった。検地にもとづく

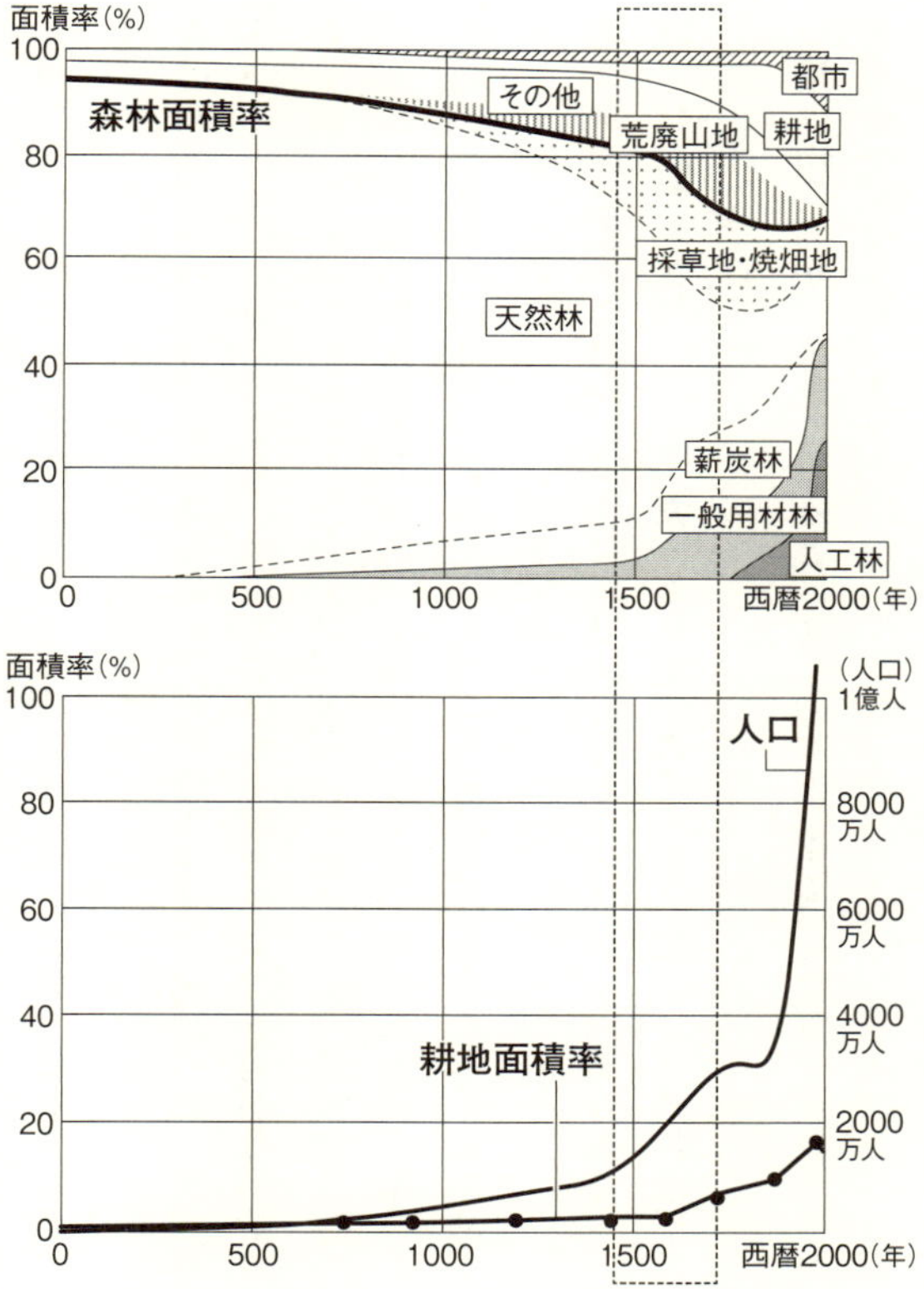

上：図3-6　森林利用及びその他の土地利用の変遷、下：図3-7　人口と耕作面積率の変化

領国支配、商工業者の結集、城郭都市の建設、鉱山開発、治水・灌漑《かんがい》、そして農産物の増産などであり、とくに物資は領内でまかなうことを原則とした。一方で農村手工業の発達や商品経済の発展によって経済活動はむしろ領国を越えて活発化し、この面では有力な町の中に独立国的な動きをするものも出てきた。泉州堺はその典型的な例である。

その結果、農村では原野の畑地化、さらには水田化が進められ、兵衣や武具などに必要な木綿の栽培がさかんになった。また、戦国大名は商工業者を領内各地から集結させ、その有力者のもとに商人や職人を結集する体制を作り上げ、彼らにこれまでより規模の大きい各種の開発事業を行わせた。その中に武田信玄、後北条氏、毛利氏らの業績で知られる治水事業がある。中でも武田信玄は扇状地上に水田を開発し、これをふくめて甲府盆地を水害から守るため、釜無川水系で大規模な治水事業を行ったことでとくに有名である。

釜無川の支流・御勅使《みだい》川は南アルプス方面から大量の土砂をともなって流出し、甲府盆地の西で本流に合流する暴れ川で、本流・釜無川の洪水氾濫の防止には御勅使川の流路の固定と本流の堤防強化が不可欠であった。

河川は山間部から平地に出ると、河床の勾配が小さくなり、流れが緩やかになってそこに運んできた土砂を堆積する。その土砂がみずからの流路を塞《ふさ》ぐと水流はそれを避け、まわり込んで流下し、今度はそこで新たに土砂を堆積させる。その繰り返しで形成される地形が扇状地であり、扇状地上では流路が定まらず、流路幅自体も広くなる（一般に流路幅すなわち川幅は、大きな支流の合流がなければ、下流の沖積平野でふたたび狭まる傾向がある）。

信玄は御勅使川の当時の流路を変更し固定して、その流れを溶岩台地にぶつけることにより本流堤防への負担を軽くし、本流には霞堤《かすみてい》方式の「信玄堤」を築いて洪水の氾濫を防いだ。霞堤とは、川に沿って途中で堤防を切断し、切断部を補うように別の堤防を河川の外側（人家のある側）から斜めに切断部の下流側へ延ばしていくものである。こうした不連続な堤防を二重、三重につくることにより、洪水時に堤の間に水を氾濫させて、水位を下げることができる。信玄の治水事業は甲府盆地のそこここに見られるが、それらはすべて開発した水田や畑地の保全を主目的としている。このように、この時期以降の治水事業は灌漑事業をふくめた水田開発と舟運《しゅううん》による交通網整備の基礎づくり事業としての性格が強い。

江戸時代に入ると、幕藩体制自体が各藩に一定の領内統治を認める地方分権の上に乗る体制であるため、各藩は戦国大名と同様に富の蓄積を目指した。すなわち、新田での米の増産、新畑でのその他の作物の増産のほか、地場産業も奨励した。こうして戦国時代から江戸時代前期にかけて、都市の発達や各種商工業の発達を支える食糧生産や各種原料生産は飛躍的に増加し、それにともなって人口も急激に増加したのである。日本型稲作農耕社会はその頂点に達したと言えるかもしれない。

里山の疲弊

戦国時代に始まるこのような社会の発展と人口の増加は森林と里山に大きな影響をもたらした。

まず、農産資源や海産資源を除けば当時の日本人が大量に使える資源は土と石材と木材のみであり、なんと言っても重要なのは木材であったから、城郭や都市の建設ばかりでなく町や村の発展は木材の需要を急増させた。とくに一五七〇年ごろからの百年間は建設ラッシュで、全国的に木材の窮乏を招き、材価は急騰した。その結果、大径木の採取地は九州南部から蝦夷地の一部にまで、それぞれの川筋に沿って広がった。タットマンはこれを「近世の略奪」と称している（図3－3参照）。危機を感じた江戸幕府や各藩はまもなく木材資源の確保に乗り出すことになる。

一方、水田の開発は農業用水の開発と一体ではあるものの、旱魃《かんばつ》が発生すると用水の取り合いが起こり、「水論《すいろん》」（水争い）が多発した。さらに農業生産には農用林が不可欠となっていたため、農地の拡大と農村人口の増加は農用林としてあるいは生活林としての里山への利用圧力を高めた。その結果、農民は刈敷や秣《まぐさ》、燃料などを自由に採取することが難しくなり、農民が秩序をもって共同で利用する「入会」の制度が徐々に浸透していった。それでも、開発した新田の農民が新たな入会地を要求したほか、既存入会地の拡大要求や利用上の摩擦が高じて、境界争いその他の山論が多発した。このようにして里山は全国的に急激に疲弊していった。

思わぬ副作用

ところがその影響は里山や森林から得られる資源の欠乏だけにとどまらなかった。山地での乱伐的林業や里山の植生劣化は洪水の氾濫や山崩れなどの自然災害を多発させたのである。

ここで歴史年表を開いて、戦国時代以降の建設・土木関係事業の項目をチェックしてみよう。すると十七世紀前半までは、武田信玄の事跡（甲州流）のような開発にも関係する治水事業が並ぶ。とくに十六世紀後半からは伊奈忠次・忠治親子などの治水・新田開発事業（関東流）が目立つ。しかし、一六六〇年に江戸幕府は初めて山城・大和・伊賀の三国に山の木の根の掘り取りを禁じ、土砂留用の苗木の植え付けを命じる布令を発して以降、有名な一六六六年の「諸国山川掟」など災害防止に関する布令がたびたび発せられ、土砂流出防止のための土砂留《どしゃどめ》工事の事跡も現れ、災害対策が徐々に全国に広がっていったことがわかる。したがって日本の森林の劣化と山地の荒廃は十七世紀中葉から全国的に激しさを増していったと思われる。

実は江戸開幕以降、国内の平和と鎖国とによって幕府も各藩もこれまで外に向けていたエネルギーを国内に向け得るようになり、都市、交通網、耕地などの開発は一段と進んだ。とくに水田開発は西日本でのため池の築造や干拓、東日本での河川整備や湖沼干拓などによってさかんに行われた。その影響は前述のように山地・森林にしわ寄せされ、渇水時には河川の流量が極端に細って舟運が妨げられ、あるいは寛永の大旱魃（一六四二年）のような干害となって現れた。こういうときは水論・山論も激しくなる。また、豪雨時には土砂が流出し、河川は氾濫して万治・寛文・延宝期（一六五八―八一年）の水害となって現れた。これは新たな開発に対する農民の抵抗を引き起こしもしたのである。

森林の劣化・荒廃によって引き起こされる自然災害には、豪雨時の表面侵食・山崩れ・土石流な

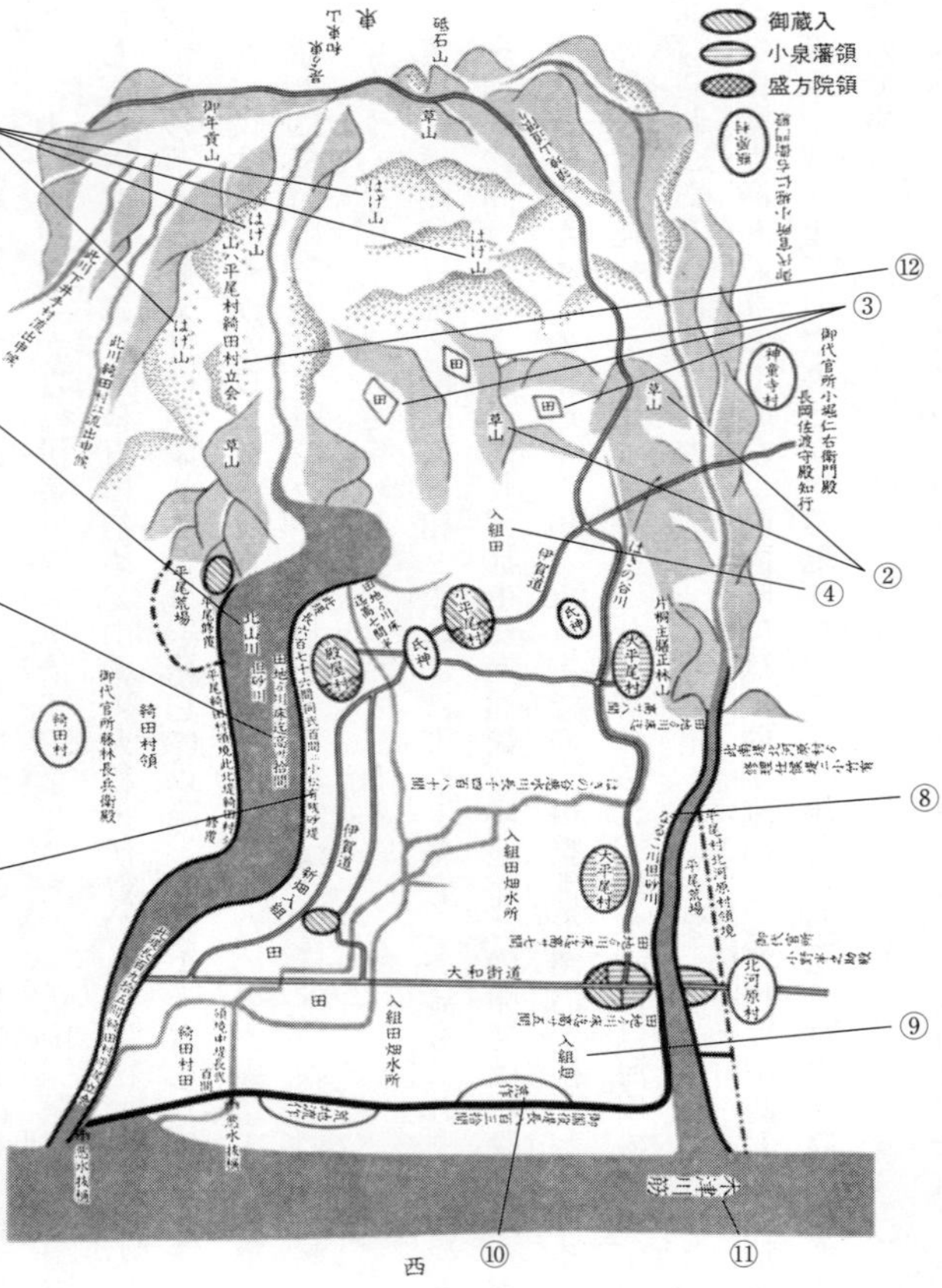

①はげ山　　　　　　　⑦此の堤長さ六百七十六間　同二百間に小松あり残りは砂堤
②草山　　　　　　　　⑧なるこ河 但《ただし》 砂川
③田　　　　　　　　　⑨入組畑
④入組田　　　　　　　⑩荒作
⑤北山川 但《ただし》 砂川　　　⑪木津川筋
⑥田地より川床迄《まで》高さ十間　⑫山は平尾村綺田村立会

図 3-8　山城国平尾村絵地図（『山城町史』より）

ど里山及びその近辺で発生する土砂災害と、そこで発生した土砂が下流に流出して河床を上昇させることによって発生する洪水氾濫災害（水害）であるが、土砂災害の一つ一つは局所的でもあり記録に残りにくい。一方洪水氾濫は被害も広範囲で記録に残るが、その記録をもってしても自然災害の実態はつかみにくい。むしろ右に示す絵地図のほうが里山や平地をふくむ流域全体の当時の状況を総合的に伝えているように思われる。

図３－８は山城国平尾村の一六八四年ごろの絵地図である。平尾村のある木津川流域は飛鳥時代にはすでに水田が開けていた日本の先進地域であり、里山の利用は千年を超えている。したがって里地を見ると、集落外はほとんど入組田や入組畑、川沿いには新畑や荒作など、高度な耕地利用がなされている。北山川となるこ川はともに砂川、すなわち荒廃河川であるが、北山川の左岸には六百七十六間（約三百十七メートル）の堤が築かれ、川床（河床）は堤防が山につくあたりで水田より七間半（約十四メートル）、その下流では十間（約十八メートル）と高く、相当な天井川になっている。堤のうち二百間（約三百六十メートル）には小松が植えられている。木津川流域には平尾村以外にも多くの天井川があり、本川自体も天井川であった。

一方、山にはごく一部を除いて山頂まで森はなく、草山とはげ山になっている。これらはほとんどが入会地であろう。また北山川の堤の対岸の上流には村村入会地（立会と表示されている）があって隣村と共同で利用しているようである。そして、このような里山の景観はおそらく第二章で紹介した状況を呈していたと思われる。

つまりこの絵地図からは里地の土地利用のほか森林が劣化し荒廃した里山とそこからの土砂流出によって荒廃している河川などが読み取れるが、それらはこの時代の激しい土砂災害の状況を示しているとともに、流域の環境をも示していることになる。十七世紀の後半には全国で土砂災害や水害、さらには干害が多発して人々は苦しんでいたと考えられる。

近世の江戸時代に入って、都市と農村の景観は大きく変わった。しかしそれだけではなく、自然環境もふくめた日本の国土環境全体が中世までとは違った局面に入ったのだと、私は考えている。

山地荒廃への対策

さて、江戸時代の幕府や各藩が取り組んだ災害対策の基本は堤防の建設や浚渫、河川の付け替えなどの治水事業と森林の保全が二本柱であり、後者は禁伐林などを指定する保護林政策と、伐採禁止、土砂留工事、植栽（実際には土砂留工事と一体で行われ、現在では山腹緑化工事と呼ばれる）などを組み合わせた積極的な土砂流出防止・森林回復政策で成り立っていた。しかしこのころになっても、治水事業は災害対策というよりも、舟運交通確保やさらなる灌漑用水建設に重点があることに注意する必要がある。堤防の建設自体も開発された新田を守ることが主目的だった。また、保護林政策も幕府や各藩の有力資源でありかつ有力財政基盤でもあった樹木資源保護を目的としたものが多い。

森林の保全がかかわる災害防止対策で最初に公式に示されたのは四老中の連名で発せられた先の

「諸国山川掟」で、一六六六年に発布されている。その内容は、三カ条と附則からなり、①風雨のとき、土砂が川に流れ込んで水流を遮《さえぎ》るから草木の根の掘り取りを禁止する、②川に土砂が流れ落ちないように上流の左岸・右岸に苗木を植えつけること、③川筋に土砂が流れ込む場合は川が細るので、新たに田畑を開発することもこれまであった田畑を耕作することも、竹木を植えて築出し（川の流路へ張り出す形の土地）をつくることも禁止する、④山中での焼畑を禁止する、というもので、幕府の真意は上流での開墾を禁止して下流での氾濫災害や舟運の阻害を避けることにあった。この法令が畿内、すなわち淀《よど》川流域で最初に出されているのは、被害が激甚であることにもよるが、幕府が淀川の舟運を重視している証拠でもある。同じ趣旨の法令は一六八四年にも出されている。さらに幕府は同年に土砂留奉行、一六八七年に土砂留方を設置し、各藩も砂除林《すなよけばやし》や水野《みずの》目林《めばやし》（後述）の指定、切畑《きりはた》（山腹などを切り開いてつくった畑）や炭焼きの禁止を行っている。

このような状況の中で徐々に拡大されていったのが保護林政策である。その概要は以下のようである。まず、江戸時代の森林は藩有林、村持山、社寺・豪族などが所有する私有林に大別される。山地・森林の管理は原則的には藩に任されていたので、呼び名は各藩でそれぞれであるが、藩有林は御林《おはやし》、御山、御立山など、村持山は村山、百姓山、野山、刈敷山、稼山《かせぎやま》、惣山《そうやま》など、私有林は腰林などと呼ばれた。古代からの「林野公私共利」（大宝律令）の原則のもと、実際には農民に許されていた農用林・生活林としての里山からの落葉落枝、灌木、下草などの自由採取の権利は、中世荘園の時代を経て徐々に窮屈になっていたが、ここにきてそれが許されるのは村持山のみで、入会の制度にしたがっての利用となった。藩有林では許可制が一般的となったようである。

ほかに藩の樹木資源を守ることがおもな目的である留山と留木の制度があった。留山の制度は所有のいかんにかかわらず山全体を立ち入り禁止や禁伐にするのが原則で、先の砂除林や水野目林が代表的なものである。留木はスギやヒノキなどの樹種を指定して伐採を禁止または許可制にするものである。したがって、藩有林は原則留山である（藩有林を御留山というところもある）が、各種防災目的や狩猟などが目的の留山も指定されていった。

以下はそのような例のおもな名称（各藩で異なる）とその目的である。

・砂除林、土砂山林：土砂流出を防ぐ。
・飛砂防止林、砂留並田方《たかた》風除林、砂留松仕立山、砂込山：飛砂を弱める。
・風除林、屏風山、潮除林、波囲林：強風や潮風を弱める。
・水野目林、田山：水源涵養、すなわち河川の流量を安定させる。当時は洪水を防ぎ、渇水を防ぐための森と考えられていただろう。
・巣山：鷹《たか》狩り用の禁伐林。
・頽雪《たいせつ》除林、雪持《ゆきもち》林：雪崩《なだれ》防止や吹雪を弱める。
・魚付林、魚寄《うおよせ》山、魚隠《うおがくし》山：魚を呼び寄せる。

一方留木は木材資源の保護が第一の目的で、青木と呼ばれる常緑樹のスギ、ヒノキ、マツ、カシなどを中心に江戸時代後期には多くの樹種が指定され、停止木《ちょうじぼく》、制木、用木などと呼ばれた。中には樹木そのものの利用（収穫）に対して税金を徴収する目的でクリやウルシや茶まで指定する藩もあった。留木としてよく知られている例は尾張藩の指定した木曽の五木（ヒノキ、サワラ、アスナロ、ネズコ、コウヤマキ）である。これは優良材であるヒノキの保護が目的で、盗伐を見つけた際に言い逃れされないように葉や樹皮の形態が似ているものを一括して指定したといわれている。

一方、現在の治山事業・砂防事業の先駆けとなった、土砂留工事と植栽を組み合わせて土砂流出防止と森林回復を狙う積極政策は実際にはどのように行われたであろうか。

まず一六八七年に始まったとされる土砂留工事であるが、初期には芝山巻工《しばやままきこう》、石巻工《いしまきこう》などの名称が知られる。しかし実際には各藩で特色ある工法が編み出され、名称もそれぞれである。一般的には①山腹に芝を張る（張芝）、②粗朶や芝、藁を埋める（筋芝）、③木杭を打って雑木などで柵をつくる（杭柵）、④階段を切って松苗を植える（松留、根を逆さまに埋めることもある）、などを単独または組み合わせて行った。これらの土砂留工法は時代とともに次第に精巧なものになり、現在の山腹緑化工法に生かされているものもある。

さらに十八世紀になると淀川上流域や瀬戸内海沿岸地域などでは積極的に谷筋や渓流内に⑤石垣を築いたり（石垣留）、⑥松丸太を組み合わせて枠を組みあげたり（鎧留《よろいどめ》）、⑦土を盛ったり（築《つき》留《どめ》）して堰堤を築き土砂流出を防ぐ砂留《すなどめ》工事も行われるようになった。⑧竹で編んだ籠に石をつめる蛇籠《じゃかご》も使われている。現在、渓流工事と呼ばれるものの先駆けであるが、渓流では水流に耐えなければならないので、砂留の築設には土砂留より高度な技術とエネルギーと多額の費用を要する。

見方を変えれば、この時期にはそれが必要なほど土砂流出が激しくなったとも言えるだろう。

とくに広島県の堂々《どうどう》川流域では大型の土堰堤が築かれ、一七三八年には高さ二間（約三・六メートル）のものがつくられているが、一八六四年にはさらに一間積み増されている。これは池谷浩（二〇〇六）によると、竹原塩田の開発による山地荒廃の激化によるとの見方もあるが、幕府の政策をよく心得ていた福山藩の歴代藩主水野家の土木普請に対する考え方によるものとしている。砂留工法の開発は明治時代以降に砂防事業が発達したきっかけとなったと評価されている。

さて幕府が十七世紀後半からこのような対策に乗り出したもう一つの理由は、当時の儒者あるいは豪商の中の意欲ある者たちの建策によるところが大きい。中でも岡山藩の陽明学派の儒者・熊沢蕃山は『集義外書』などで、下流河川での災害は上流山地での森林の荒廃によるものであり、治水の根本は上流での森林保護にあるとした「治山治水」の思想を説いてとくに有名である。彼の考え方はその後の治水事業の規範となった。また高知藩の朱子学（南学）の儒者・野中兼山は仁淀《によど》川・物部《ものべ》川の治水と新田開発を行ったが、上流の藩有林での秩序ある伐採を指導し、諸国の藩有林経営に範を示した。「治山治水」は経世済民の思想として全国に広まり、現代の日本人がこぞって「木は伐ってはいけないものだ。木をもっと植えなければならない」と考えているように、日本人が伝統的にもっている考え方の一つとなった。彼らは経世家と呼ばれている。

一方、町民出身で木材取引によって富を得、高瀬川の開削や東廻り、西廻り航路を開いたことで有名な豪商・河村瑞賢《ずいけん》は、淀川上流水源地帯を踏査して森林保全と土砂流出防止工事による治水策を立て、幕府に採用された。また、医師の家に生まれたが南蛮貿易で豪商となった角倉了以《すみのくらりょうい》は舟運交通整備や治水事業に貢献した。ほかにも篤林家の金原明善《きんばらめいぜん》らが知られている。

海岸林の発明

ところが森林の劣化・荒廃による土砂流出が引き起こしたのは下流での洪水氾濫災害だけではなかった。土砂は海まで流出して各地の海岸に到達し、飛砂《ひさ》害という自然災害も引き起こしていたのである。その防止対策が第一章で話題とした江戸時代の海岸林の造成だった。

第一章で述べたように、現代の海岸、とくに砂浜海岸はほとんどマツ林ばかりである。したがって、津波と海岸林との関係の解析結果もほとんどマツ林で得た知見であった。しかし、江戸時代にクロマツ林が造成される以前にも砂浜海岸にはマツが存在していた。

いま海岸林と人々の関係を見ると、古代の伝承には神功皇后による遠賀《おんが》川河口の岡の松原（福岡県岡垣《おかがき》町の三里松原）の植栽伝説や『常陸風土記』による慶雲年代（七〇四―七〇七）の若松浦の松原での禁伐（茨城県神栖《かみす》市）、『土佐日記』に登場する九三四（承平四）年の物部川河口の宇多の松原（高知県香南《こうなん》市）などがあり、ほとんどがマツ林の話である。そしてこれらの海岸林の保護、限られた植栽などの伝承は、防風や飛砂などの自然現象に対する海岸林の防災機能を人々が知っていたことを示している。

一方史実となると、初期の事例としては中世の伊勢、足利時代の長崎、土佐、戦国時代の筑紫

（前記の岡の松原）、周防（虹ノ松原、山口県光市虹ヶ浜）などが知られているが、そのほとんどもマツの植栽、すなわち海岸林の造成の記録である。以上より、戦国時代になると飛砂は単なる自然現象ではなくなってきている可能性がある。

ところで本章の前半で、マツが六世紀ごろから畿内地方で勢力を広げ始めたらしいと述べた。その後の経過をみると、古代都市周辺で始まった森林の劣化が各地に広がるにしたがってマツもそのあとを追って古代の先進地域から広がり、十三世紀には信濃国でもマツが目立つようになったといわれる。そして江戸時代には、第二章の絵図に見られるように全国でマツ林が大活躍するのである。このように日本における森林劣化の進行の概略は、後述する造成林もふくめて、マツ林の分布の変遷でわかると言える。

その後の海岸林造成の事例を見ると、天正年間（一五七三―九二）に武田勝頼軍が戦闘に際して駿河湾岸でマツ林を伐採したが、その跡に農民が植えた千本松原（浮島ヶ原、静岡県沼津市）の植栽例に始まり、土佐藩、肥前唐津藩（虹の松原、佐賀県唐津市）、伊達藩、島原藩などでマツの植栽の例がある。しかしこれらの事例は、元亀・天正年間（一五七〇―九二）には始まっていたとの説もある伊達藩のものを除くとすべて関東以西であり、東北地方や日本海側の事例はほとんど知られていない。

ところが十七世紀中葉以降、多くの藩でいっせいに植栽が始まっている。現在の海岸林のほとんどがこの時期以降に造成されたものと言ってよいだろう。おもな例としては津軽藩、秋田藩、庄内藩、村上藩、出雲藩など、とくに東北地方や日本海側での造成が目立つ。

なお、前述の唐津藩では慶長年間以降もマツ林の植栽に努め、今日の虹の松原の基礎が築かれた。一方太平洋岸側では、盛岡藩、駿府藩、高知藩、島津藩での植栽、那覇藩での海岸林造成などが著名である。

さらに江戸時代中期以降になると、海岸を有する全国のほとんどの藩で植栽が始まっている。そして、海岸林の造成・保護はときおり断絶はあるものの営々として続けられた。

このように十七世紀後半以降多くの藩でいっせいに海岸林造成が始まった理由は、すでに詳しく述べたように、とくに江戸時代初頭に実施された急激な国土開発による山地・森林の荒廃、その影響としての海岸での飛砂害の激化への対策であった。飛砂害はその後も長期間続き、たとえば、一九二七（昭和二）年三月、後に東京帝国大学森林理水及び砂防工学研究室の教授となった伊藤武夫が新潟市で「海岸砂防に就《つい》て」と題する講演を行ったとき、演者も聴衆も新潟市が砂で埋もれるのではないかとの危機感を共有していたほど、その被害は深刻だったのである。

ところがこれまでの海岸林研究のどの文献を開いてみても、本書のように、飛砂害の原因の一つは河川上流（内陸）の森林の劣化であるとする解釈は見あたらない。たとえば立石友男の『海岸砂丘の変貌』（一九八九年）はよく引用される良書であり、飛砂の原因としては海岸林の劣化・荒廃を挙げている。立石は製塩などによる森林の劣化以前は飛砂が少なかったことに気づいており、その見識に敬意を表するが、彼は河口閉塞の原因も飛砂が河口に積もることによると見ているように、その視線の先は海岸地域での森林の劣化に限られている。

しかし、河口閉塞の主因は河川上流からの流出土砂であり、海岸地域の森林劣化の影響を否定はできないが、圧倒的に内陸の森林の劣化によるものである。このことは河川工学者も認めている。すなわち、各河川からの大量の流出土砂が沿岸流によって各地の砂浜海岸に到達し、それが飛砂発生の主因であると思われる。そして、荒廃が進む山河の修復策の一端が海岸地域での飛砂害防止のための海岸林造成であった。

なお、立石は、海岸林造成の理由として①塩焼用燃料材の乱伐、②戦乱による破壊、③これらによる飛砂害の激化などから農耕地を保全するためとし、砂丘林での土砂留工事と並行して砂防林造成が行われたとしている。しかしそればかりでなく、江戸時代の新田開発の進展期に多くの海岸林が造成された点に注目し、少し内陸の河川沿いや後背湿地での新田開発にともなう農民の入会山の必要性から砂丘林の造成が行われた点を重視している。岡田穣は最近刊の『海岸林との共生』（二〇一一）において基本的にこの解釈を継承し、海岸林造成の理由として既耕地の保全と新田開発に向けた農民・地域の有力者（庄屋・大商人等）の意志を挙げている。このような社会科学的視点に立つ海岸林造成の考察は重要であり、海岸林は江戸時代における海岸地方の農耕社会の文化財とする見方もうなずけるが、実はその時代の人々の自然災害（しかし多分に人為的要素をもった災害）との闘いを示す文化財ともいえる。

なぜクロマツだったのか?

ここで海岸林がクロマツ林となった理由をまとめておこう。マツ類は貧栄養な立地条件でも生存し、とくにクロマツは塩害にも強く、先史時代から自然植生として日本の砂浜海岸に広く自生していたが、飛砂の多い地方では無植生地（海浜砂漠）もあったものと推定される。一方、飛砂の少ない地方あるいは少なかった時代にはクロマツ以外の海浜植物が自生していたことも考えられ、その場合は現在磯浜で見られる樹種もあっただろう。このような日本の海岸の本来の環境条件に加えて、飛砂が激化した江戸時代以降の立地環境下では、苦労しながらもなんとか砂丘の上で成林させることができるのはクロマツ以外になかったものと推定できる。

江戸時代の各藩での海岸林造成の状況を見ると、試行錯誤の結果として結局はクロマツ林を成林させている。たとえば先の立石の著書を見ると、庄内海岸ではクロマツ以外で比較的成績のよかったのはネムノキ、アキグミなどの灌木ぐらいで、木材生産をねらったスギやヒノキはもちろん、農用林としての利用もねらったブナやナラ類も、ヤナギも、ほとんど成功していない。日本各地の海岸林の大部分がクロマツであるのはそのような理由である。

成林した森はクロマツ林であってもそれは海岸地域での里山の役割を担った。頻繁な松葉搔きはその証拠である。松葉搔きは海岸林成立の結果であって最初から里山林としてマツ林を選んだのではないだろう。そして、白砂青松のマツ林は日本人のマツ信仰も手伝って人々に慕われるようになったのである。

地質によって荒れ方も変わる

これまで戦国時代から江戸時代前期にかけての山地荒廃の激化とその影響による砂浜海岸の飛砂被害、それらについての江戸時代の対策について述べたが、当然河川への影響も大きい。しかし河川に関しては、戦国大名の治水事業以降頻繁に行われた河川の付け替え、分水路の建設などの大規模治水事業のほか、いわゆる低水工事（舟運のために浚渫して川底を下げる工事）について多くの書籍が刊行されているので、ここでは天井川の問題だけを簡単に記す。

先に、山地から土砂が平地に流出するとそこに扇状地を形成すると述べた。その作用が進むと、大局的に見れば河川は結果的に扇状地の上、すなわちまわりより標高の高いところを流れることになる（扇状地上の河川の横断面図を描いてみればわかる）。そのため洪水がひとたび起こるとさらに氾濫しやすくなる。そこで洪水の氾濫を防ぐために堤防がつくられるが、今度は流出土砂は堤防で固定された河川内（堤外地と呼ばれる）に堆積せざるを得ず、河床上昇を招く。するとふたたび氾濫防止のために堤防をかさ上げすることになる。この〝いたちごっこ〟の結果天井川が形成される。したがって私たちが見る天井川の大部分は十八世紀以降に形成された〝人工〟河川ということができる。

江戸幕藩体制が確立したころあるいはそれ以前から、戦国大名も幕府も各藩も河川の治水に苦慮していた。その結果が先に示した平尾村の絵地図にも天井川となって現れている。しかし、天井川からは灌漑用水が容易に引き込めるので、農民にとってはマイナス面ばかりではなかった。

ところで山地・森林の荒廃についてはもう少し解説すべき課題が残っている。それは里山が同程度に利用されても場所によって荒廃の程度が異なることである。それは前章の写真2－1と2―2を比べればわかる。どちらも豪雨時には激しい災害が起こる。ただ、はげ山になるか目立たない瘠《せき》悪《あく》林地になるかはその場所の地質条件で決まる。端的に言うと、森林が酷使されてはげ山になるのは基盤岩が花崗岩類の地域で、その他の地域でははげ山になりにくく、瘠悪林地の状態になる。

花崗岩類はその他の岩石に比べて風化の形式が異なる。風化とは気温変化や割れ目に入った水の凍結融解などの物理的作用、あるいは大気や雨水にふくまれる酸による溶解、可溶性成分の洗脱（水に溶け出すこと）などの化学的作用によって岩石が地表（せいぜい数メートルの範囲）で分解され、変質していくことである。そして、第二章やタタラ製鉄の項でも述べたように、花崗岩類は「深層風化」によって基盤岩からいきなり砂粒に分解される。その砂が江戸時代までさかんに中国地方で砂鉄が取り出された真砂《まさ》であった。すなわち、花崗岩類の地域は深層風化により地表に真砂が存在しており、その地域の土壌の母材《ぼざい》は真砂になるということである。

土壌とは何か

ところで、「土」と「土壌」は異なる概念である。土は砂や粘土のような岩石の細粒化したものあるいは火山灰などを言い、そこに生物由来（通常は腐植など）の成分のあるなしを問わない。土壌は、いま定義した土（母材という）に、地表の落葉や枯れ枝、動物の遺体などが微生物の作用で

表 3-1　山地荒廃時代の森林の状況

地形区分	平　地	丘陵・低山帯		高山帯
土地利用による区分	里地 →農地	里　山		奥山 →森林
		花崗岩系山地 **→裸地・はげ山**	その他の山地 **→劣化した森林**	

分解されたもの、すなわち腐植が加わって、その場所の気候や地形条件のもとで時間をかけて生成された物質で、腐植質に富むほど〝養分豊かな〟土壌といわれる。

地表に豊かな植生が存在すると養分豊かな土壌ができる。日本は基本的に森林国なので原植生の段階では養分豊かな「褐色森林土壌」と呼ばれる土壌が多い。その場合、地表から順に養分に富むA層、少し養分が存在するB層、母材のC層という成層構造をなす土壌になる。A層を覆う落葉落枝やその腐植の層（すなわち有機物のみの層）はA_0層と呼ばれる。そして、一般的には養分豊かな土壌ほど豊かな森林が成立し、それがまた養分豊かな土壌を形成する。

さて、森林が伐採されたり、伐採されなくても地表の落葉落枝、下草などの採取が繰り返されると次第にA層以下の土壌層が表面に現れ、やがて土壌層は雨水などによる表面侵食という作用によって削られ、母材の下部、すなわち弱風化の岩盤が露出する。その場合、花崗岩類以外では次第に大きな角礫や凹凸の激しい弱風化部になり侵食作用はそこで止まる。すると養分は少ないものの樹木等の根が張り付く余地はあるため、貧栄養地でもかろうじて生き延びられる草本や灌木は残る。ところが花崗岩類ではどこまでも砂の層が続くので地表が削られ続け、結局植物は根を固定することができず、生き残れなくなる。その姿がはげ山である。

したがって、森林が同様の利用圧を受けても花崗岩類の地域でははげ山となり、その他の地域では瘠悪林地の状態にとどまることになる（表3－1）。こうして江戸時代初期の森林が劣化した里山は、見かけ上、はげ山と瘠悪林地に大別されるのである。そして、この状態は第二次世界大戦後まで続くことになる。

木を植えつづける努力

さて、江戸幕藩体制の確立の一方で進行した、里山を中心とした森林の劣化・荒廃とそれによる各種災害に対処するため、十七世紀後半に始まった治山治水対策や森林管理体制は一定の成果を上げつつも森林の回復までには到底いたらなかった。そのため幕府は新田開発の矛盾を認めて一時開発を中止した時期もあったが、財政面からまもなく再開せざるを得なかった。しかし、これまでのような大規模開発や経済成長は達成できず、人口増加も十八世紀以降は急速に鈍り、さらに享保・天明の飢饉を経て生産は減少し、世の中は乱れ、ついには人口さえも停滞・減少気味となった。各地で百姓一揆が起こり、餓死者や窮民が出た。一般の農民も連帯して入会地の利用に工夫を重ね、耐えている状態だったので、当然里山の疲弊は続いた。

しかし、人々はせっせと植林を続けたため、松並木や山裾の肥えた土地に植林したものの中には大切に維持されている森もあったという。また、里山に続く杣では木材資源の枯渇を受けてスギやヒノキ、マツなどを植栽する人工林林業が芽生えていた。吉野（奈良県）、尾鷲《おわせ》（三重県）、飫肥《おび》（宮崎県）、天竜（静岡県）、山国（京都府）、西川（埼玉県）、青梅《おうめ》（東京都）など現在も残る伝統的林業地域の形成である。

こうした中で、もっとも成功した植林がクロマツの海岸林であったといえるかもしれない。各地の海岸で何万本ものクロマツが植えられ、農民に落葉や生枝を提供した。クロマツはむしろ貧栄養土壌を好む樹種であるため、農民がよく利用していたところほど成長が良く、徐々に飛砂を止め潮風を防ぎつつ成林していった。

以上のように、十七世紀中葉に顕著になった森林の劣化・荒廃は、単に農山村地域の環境変化ととらえるのではなく、日本の国土環境の変貌と考えるべきである。それは常に大量の土砂が山地で生産され続け、河床が上昇し続け、海岸から飛砂が飛び続け、それらによって地形が変動し続ける環境である。この時代以前にも山地での土砂生産・流出現象はあった。それは地質時代からの地形発達の概念の中での話である。しかし、この時代以降、人間活動の影響で土砂生産速度が圧倒的に速まったのである。そのような国土環境が十七世紀後半以降の日本の自然環境の基本的条件となったと理解すべきである。しかしそれは都市が変化し続け、農村が変化し続けるのとは異なり、直接人々の目に見えづらいものだったので、そのような視点でとらえることは難しかったのであろう。これまでも天井川や扇状地がこの時代に発達したという報告はある。しかし、その急激な発達が継続し続けているという認識は少なかったと思われる。

第四章●なぜ緑が回復したのか――悲願と忘却

一　荒廃が底を打つ

劣化のピークは明治

明治維新前後の混乱は日本のあらゆる分野に共通する。とくに山地・森林においては、一八七三（明治六）年に開始された山林原野の官民有区分やその行き過ぎの是正策である民有林引戻処分（一八八九（明治三十二）年）にかかわる混乱などで、森林政策は定まらなかった。

そのため乱伐が進み、森林はさらに荒廃した。明治時代中期までにしばしば起こった豪雨災害はこの時代の乱伐の影響であると言って差し支えないだろう。豪雨の際には里山の森や草地でも山崩れや土石流が多発し、民家を襲ったため、住民保護のための防災工事が要望され、内務省（土木寮）において「砂防」の名のもとに府県と合同で山腹工事が実施された。その後、山梨県を皮切りに各県でも単独で県営砂防工事が実施され、木曽川流域では国の直轄砂防工事も始められた。もちろん、これらの工事の実施には下流への土砂流出防止の意図もふくまれている。なお、「砂防」という言葉は一八七一年に公布された「砂防法五箇条」（民部省達第二号）に初めて見える（岡本正男〔二〇〇五〕)。

江戸時代後期にようやく整い始めた海岸林も例外ではなく、松葉掻きや枝葉の採取などで酷使され、また飛砂《ひさ》がやむこともなかったため、やはり衰退したようである。なお、前述の官民有区分では多くの立派に成長した海岸林が官林化され、地方では評判が悪かったが、海岸林が官林化されたことはその後の海岸林造成を国が直接実施する体制につながった。

また、明治時代初期の全般的な国土保全政策は、たとえば河川事業ではやはり低水工事が主体であった。それは江戸時代の政策をそのまま引き継いだものだった。そのような状況の一方で、明治政府は積極的にヨーロッパ近代技術の導入政策を実施しており、ほかの行政分野と同様に、国土保全分野でもヨハネス・デレーケに代表される多くのお雇い外国人が来日した。しかし、舟運が衰退していく中で政府の治水政策の方向は必ずしも的を射たものではなく、ヨーロッパと自然条件も異なるため、彼らは技術の伝達に苦労したようである。

明治維新の混乱が落ち着くとともに近代産業が勃興し、社会は大きく変動した。人口の急激な増加、産業都市の発達、交通手段の改革、鉱物資源の採掘などは山地・森林にも影響を及ぼした。とくに産業用燃料はまだ薪炭に依存するところが大きかったため、開発にともなう建築材などの需要増もあって森林の伐採が進んだ。結局、明治中期は日本で過去もっとも山地・森林が荒廃していた時期と推定される。

第二章で紹介した一九〇〇(明治三十三)年ごろの土地利用状況調査結果(表2-1参照)を参

照して欲しい。この表の荒地・砂礫地《されきち》一一・二四%の大部分は荒廃山地であろうし、農業的土地利用一六・七五%（草地をふくむ畑六・二四%）にふくまれる草地の一部も里山の草地であろう。さらに、針葉樹林一一・八五%のかなりの部分はマツ林である可能性が高く、荒廃地及び劣化した森林・草地の合計面積は国土の三分の一程度に達していたと思われる。すなわち、この調査結果では森林が国土の三分の二弱で現在とあまり変わらないように見えるが、豊かな森は国土の半分以下に減少していたと思われる。

　東京帝国大学農科大学の初代森林経理学（「経理学」は旧林学では「経営学」の意味）教授志賀《しが》泰山《たいざん》は一八九四年の論文で、表4－1のように、当時の森林、原野、耕地の面積をそれぞれ国土の五五%、二五%、一六%としているが、「森林のうち樹木で覆われているのは三〇%、残余の七〇%は赭《しゃ》山禿峯《ざんとくほう》（はげ山）である」としている。このころ全国の奥山までくまなく調査したとは思えないが、当時の林学の第一人者が豊かな森は本当に少ないと嘆いているのである。

　明治政府は国土保全と用材林確保の両面を見据えて、森林の保全・保護を強化し、持続的な林業生産（当時は林業生産

表 4-1　明治時代の国土利用（農林水産奨励会〔2010〕より）

単位は町歩（≒ha）

	森　林	原　野	耕　地
御　料	1,300,000	2,300,000	—
官　有	11,700,000	5,900,000	—
民　有	7,300,000	1,100,000	5,000,000
計	20,300,000	9,300,000	5,000,000
全国面積比	55%	25%	16%

・森林のうち樹木で覆われているのは 30%、残余の 70% は赭山禿峯
・森林には絶対的林地（林地以外には使えない）40% と比対的林地（農地等であるべきが実際は森林）がある

の〝保続〟と言った）を行わせる法律の成立を目論んだが、政争によってなかなか成立しなかった。

浚渫から堤防へ——治水三法の成立

ところで都市の発達は、地方都市の場合もふくめて、平野における工場、家屋あるいはインフラの集積を意味する。また、輸送システムは舟運から鉄道に代わっていた。このころ、豪雨災害が頻発していたことはすでに述べた。そのため、殖産興業を支え国税の大半を担う地方地主層・産業資本家たちは、原材料調達や製品の販売あるいはそれらの流通にかかわった都市の資産家たちもふくめて、平野に集積した彼らの諸財産を守るため、治水事業予算の執行面では舟運確保を目的とする低水工事よりも、平野での洪水氾濫の防止を目的とする高水《こうすい》工事を望むようになった。

このような状況下で明治政府は、一八九六（明治二十九）年の大水害を契機に、同年、事実上戦国時代から続いてきた低水工事主体の治水政策を大転換して、連続堤の建設を中心とする高水工事を実施するために「河川法」を成立させた。また、激化する土砂災害に対応して〝治水上砂防〟を謳う「砂防法」もほぼ同時（一八九七年）に成立した。

同時に森林の国土保全機能を重視する機運も高まり、一八九七年には防災機能を発揮する森林その他必要な森林の保護を確実にする「保安林制度」と過伐・乱伐の禁止を強制する「営林監督制度」を二本柱とする「森林法」も成立した。保安林制度は江戸時代の保護林制度を引き継ぐものであり、砂防法は砂留《すなどめ》や土砂留《どしゃどめ》などの技術を基礎に下流河川への土砂流出防止も意識して土砂災害防

写真 4-1　初期の山腹工事の様子。左が施工前、右が施工後（愛知県〔2000〕より）

止に特化した事業を行うためのものである。両者は現在別々の省庁あるいは部局で行われているが、本来は一体のものとして考えるべきであることを忘れてはならない。

これら三つの法律はまとめて「治水三法」と呼ばれ、以降現代にいたるもわが国の国土保全政策の根幹をなす法律となっている。森林政策の面では森林法で規定された保安林制度と治山事業を二本柱とする国土保全政策と、増大する木材の需要への対応である林業強化政策がその後の施策の両輪となった。

治水三法の成立によって明治政府の国土保全政策が制度的に整い、河川事業では治水の革命と呼ばれた「連続堤」（霞堤《かすみてい》は不連続堤）の建設、山地・森林では内務省土木局によって「治水上砂防」のスローガンのもと、山腹工事と渓流工事からなる「砂防工事」、農商務省山林局でも同名の砂防工事がそれぞれ開始された。とくにはげ山に対する山腹工事が各地で展開され、江戸時代の土砂留工法を生かした各種工法がさらに工夫されて施工された。写真４－１は当時、山腹に等高線状に階段を切って植栽しあるいは芝を張る光景である。私は一九八〇年代以降に中国山西省の黄土高原や江西省南昌市近辺の花崗岩地域、九〇年代に四川省の各地を何度か訪れたことがある。当時中国ではさかんに同様の山腹工事が行われていたことを思い出す。中国では鄧小平《とうしょうへい》による三北防護林計画（一九七八年に決定した西北、華北、東北地方の植林計画）に代表されるように、一九八〇年代からはげ山への植林が国家の強力な指導体制のもとで進められ、現在世界でもっとも森林の増加する地域となっているが、日本では二十世紀の初頭がそのような時期であったように思われる。

ここで保安林制度についてもう少しつけ加えておく。明治時代初期は林政の混乱によって伐採規制などは官林や一部地域に限られ、乱伐・荒廃が進んだ。一八八一年に農商務省が設置され山林局が同省に移されると、翌年には民有森林伐木採鉱停止の件（太政官布達第七号）が制定され、水源涵養・国土保全上重要な民有林の保全を目的とした伐木停止林制度が設けられたが、規制は十分ではなかった。保安林制度を核とした森林法が、起案から十五年もかかりながらも制定されたのはこのためである。

保安林制度は江戸時代以来の保護林諸制度（禁伐林、伐木停止林、風致林など）をドイツの制度を参照しつつ整理・拡充して「保安林」に統合し、政府の監督権を強化したものである。同時に、前述した水害や土砂災害の多発に森林管理の面から対応しようとしたものでもある。難産だった森林法の成立促進の理由づけとして、前年の水害被害と森林の機能との関係が持ち出されている。

森林政策分野で最初の近代法とも言える森林法は、保安林に指定すべき場所として、①土砂崩壊流出の防備に必要なる箇所、②飛砂の防備に必要なる箇所、③水害、風害、潮害の防備に必要なる箇所、④頽雪《たいせつ》、墜石の危険を防止するに必要なる箇所、⑤水源の涵養の必要なる箇所、⑥魚付きに必要なる箇所、⑦航行の目標に必要なる箇所、⑧公衆の衛生に必要なる箇所、⑨社寺、名所又は旧跡の風致に必要なる箇所を挙げ、十二種類の保安林を示して禁止条項と優遇措置を記している。その内容は現在の保安林制度とほとんど変わらない。

治山と砂防は本来ひとつである

しかしながら明治三十年代は日露戦争の勃発による戦費の増大などで事業はそれほどはかどっていなかった。さらに一九一〇（明治四十三）年にはふたたび大洪水が発生した。そのため、明治政府はいっそうの治水対策の推進を決意し、一九一一（明治四十四）年より第一期治水事業が開始された。こうして近代日本の治山治水事業が本格的に実施されることとなり、山林局では森林治水事業が開始された。現在ではこれを治山事業の始まりとしている。

一方で治水三法成立以来、国土保全を技術的に担う河川事業、砂防事業、治山事業はそれぞれ独立した道を進むことになり、現在の国土交通省水管理・国土保全局（旧河川局）、同砂防部及び農林水産省林野庁に受け継がれている。近代化とは専門化、分極化の面をもつものである。以下、本書では山地・森林に直接関係する治山事業及び砂防事業をおもに取り上げる。

現在の治山事業は森林行政を主管する林野庁によって実施されているもので、森林法の保安林制度によって農林水産大臣または都道府県知事が指定した保安林の中で行われる。一方砂防事業は国土交通省の水管理・国土保全行政の一部で、砂防法にもとづく砂防指定地の中で行われる山地・渓流保全事業である。しかし両者はともに江戸時代の土砂留及び砂留の技術を引き継ぐ同根の事業である。したがって両事業は現在でも農学系森林科学（旧林学）で学んだ技術者が中心になって実行されている。

その基礎学である砂防学の研究室は、東京帝国大学林学第四講座、通称森林理水及び砂防工学教室として一九〇〇年に設置されたものが最初である。初代教授はドイツ人カール・ヘーフェルであるがまもなく帰国し、一九〇四年にオーストリアからアメリゴ・ホフマンが招聘され、一九〇九年まで滞在して日本の砂防学の基礎を築いた。

明治時代初期の治水事業に貢献した著名なお雇い外国人ヨハネス・デレーケは、故郷のオランダとは異なる日本の河川の性質をただちに理解して河川改修を指導したといわれている。このころ、水源山地でもその影響を受けた渓流工事が、従来の工法も取り入れつつ展開されていた。しかし、デレーケ流の工法は、ヨーロッパの勾配の緩い河川で発達した工法であることもあって、山地では必ずしも有効ではなかった。そこで、オーストリアを中心としたアルプス地方で発達した、砂防ダムを主体とした渓流工事の工法が導入されたのである。ホフマンのあとを引き継いだ諸戸《もろと》北郎《きたお》は一九一二（大正元）年にオーストリア留学から帰国してそのまま教授となり、その後二十二年にわたってわが国の砂防学及び森林水文学《すいもんがく》の初期の発展に貢献した。彼の『理水及砂防工学』はわが国最初の本格的な砂防学の教科書である（太田猛彦〔二〇一〇〕）。

しかし、このころの山地保全事業は砂防事業でも治山事業でも先に述べた山腹工事が中心である。森林治水事業では荒廃林地復旧事業（第一期は荒廃地復旧補助事業）に地盤保護植樹と地盤保護工事が規定され、後者が実質的な現在の治山事業に相当する。さらに一九三八（昭和十三）年に開始された第二期森林治水事業では災害防止林業施設として海岸砂防造林と地すべり防止事業が加わった。

砂防事業では従来の治水事業の系統を引き継ぐ水系砂防事業と山崩れや土石流などの直接的被害を防止する地先《ちさき》砂防事業が行われた。とくに水系砂防事業では日本独自の砂防技術としての流路工が開発された。これは、土砂生産の多い扇状地での工法として砂防ダムが必ずしも有効とは言い切れず、その対策として開発されたもので、多かれ少なかれ扇状地の性質を有する日本の渓流や河川上流部に適した工法である。

このようにわが国近代化後の山地保全事業は砂防事業と治山事業に分かれるが、前者は保全対象が事業地の下部または下流の生命・財産で、土砂災害防止を直接の目的としている。後者は健全な森林・山地を維持・回復させることにより森林の機能を効果的に発揮させせようとするもので、しいて言えば保全対象は森林・山地そのものである。このような違いはあるものの両者は一体となって土砂災害の防止とともに十七世紀以降急速に悪化した荒廃山地の復旧に効果をあげ、劣化した森林は回復基調に入った。

二　回復が緒につく

災害の激増

しかしながら、近代化によって進められた国土の開発や長い戦時体制下での木材需要の増大に対応して森林行政全体としては次第に木材生産を重視する方向に進んだ。昭和時代に入ると森林伐採は森林鉄道の普及によって山奥深くに及び、他方人口の急増による里山の酷使や次第に戦時色に染められていく社会情勢の中で国土保全事業は縮小され、荒廃地復旧はいま一度停滞することになった。さらに第二次世界大戦の末期には、軍事費の圧迫を受けて疲弊した国家経済が木材収入に依存したこともあって木材需要が高まり、ふたたび過伐・乱伐が起こった。

第二次世界大戦後の国土の荒廃は明治時代初頭にも劣らぬ激しいものだった。戦争による混乱に加え、戦後日本の復興に使える自前の資源は、減少したとはいえ、木材資源しかない。そのため奥山の天然林の乱伐が続いた。当時のマスコミはこぞって「なぜ豊富な木材資源を戦後復興に生かさないのか」と伐採をうながした。国有林では国策として引揚者を大量に受け入れ、伐採を促進した。

終戦直後の里山もまた異常な状態であった。現在でも狭い谷地の奥のスギ林などに入って行くと、林内にわずかに階段状の土地を見つけることがある。たいていの場合、そこは戦中から戦後にかけてつくられた水田の跡である。さらに、食糧難の当時、里山の緩斜面はいたるところで畑地化されていたのである。

このような国土の荒廃の影響は、関東地方に未曽有の大氾濫をもたらした一九四七（昭和二十二）年のキャスリーン台風に始まり、一九五〇年代に繰り返し発生した水害や土砂災害となって現れた。一九五三年の北九州豪雨災害では都市近郊の里山に山崩れが集中した。一九五四年の洞爺丸《とうやまる》台風、一九五七年からは諫早《いさはや》水害、狩野川台風（五八年）、伊勢湾台風（五九年）と、連年災害に見舞われる状況にあった。このため、保安林整備臨時措置法（五四年）や治山・治水緊急措置法（六〇年）などいわゆる〝計画的な〟事業制度が始まり、とくに後者は砂防事業や河川事業もふくめて水系一貫の治山治水事業としてその後の国土保全政策の基本方針となった。翌年、災害対策基本法も制定されている。

森林再生の夢

しかしながら一方で木材生産への期待は低下しなかった。戦後の住宅や都市の復興に続いて開発・高度経済成長の時代に入ったからである。（現在の中国を見てもわかるように）開発の時代には木材需要が伸びるものなのである。伐って売れればいくらでも儲かる時代であった。

軌道と林道を敷設して奥地林を大規模に伐採すること（大面積皆伐）により高い木材生産量を確保し、同時に日本の植生分布を激変させたほどのスギ、ヒノキ、カラマツなどの「一斉林」を出現させた「拡大造林」政策はこうした時代の産物であった。それはいわゆる予定調和論という考え方に支えられていた。すなわち、残すべき天然林を〝老齢過熟林分〟（用材林としてすでに十分成熟し、むしろ老化している森林）とみなして伐採し、その跡地に植えた人工林を合理的に経営すれば、水源涵養機能もふくめた森林の公益的機能が高まるとするものであった。実際には木材生産の増大のみを目指したこの政策が頂点に達したのは、林業基本法が成立したころ（一九六四年）であった。

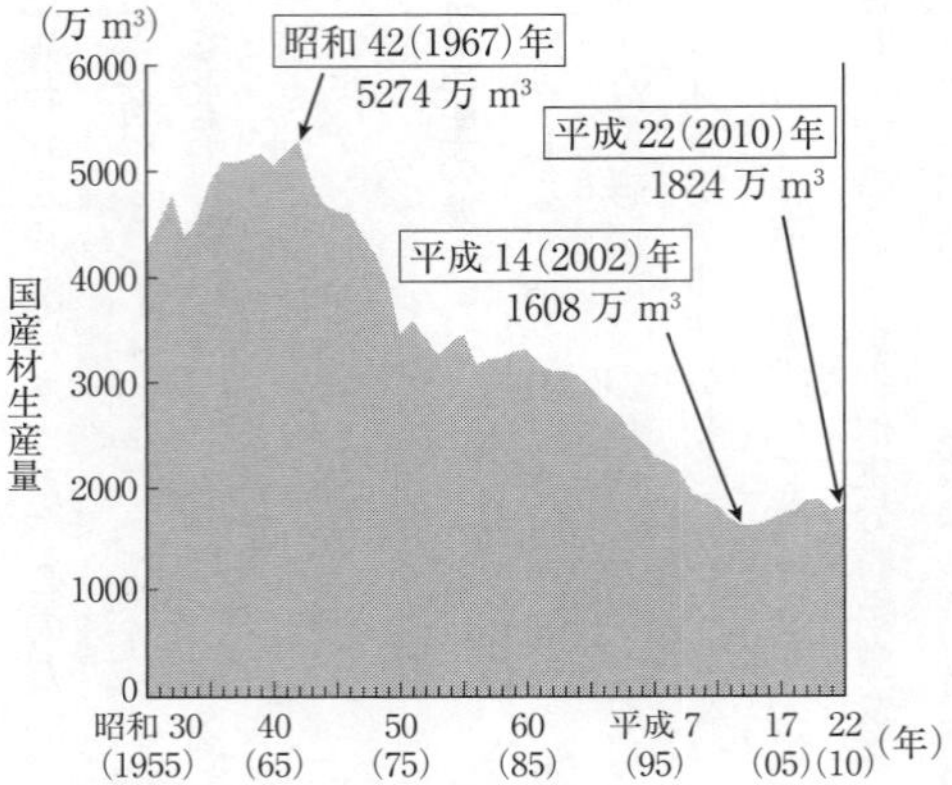

図 4-1　国産材の生産量の推移（林野庁『平成 23 年度森林・林業白書』より）

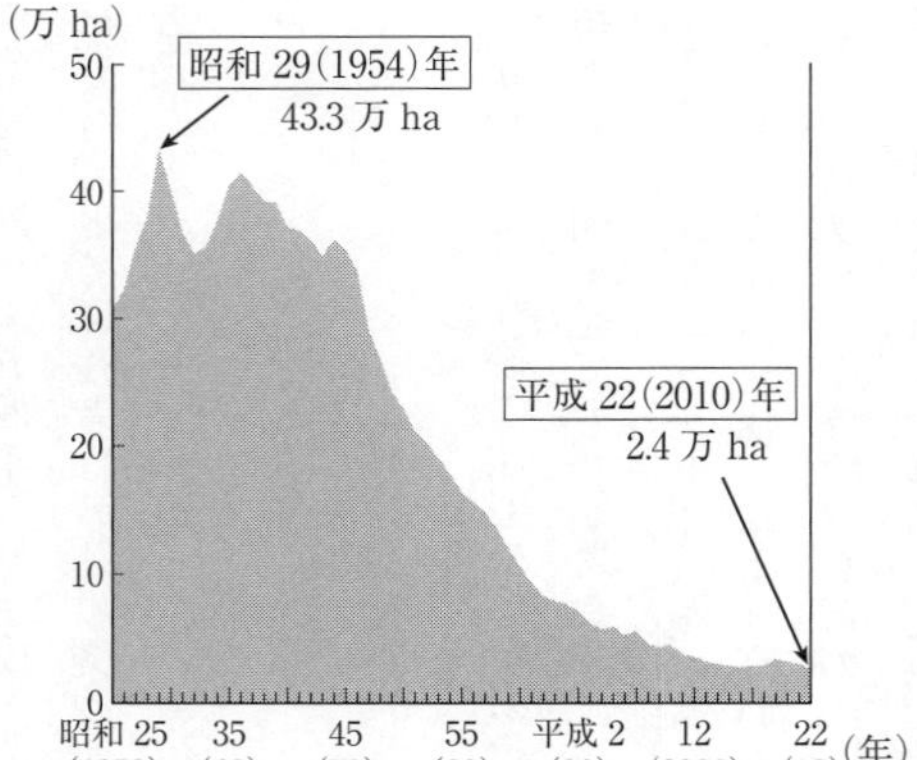

図 4-2　造林面積の推移（林野庁『平成 23 年度森林・林業白書』より）

この政策は、図4－1の国産材の生産量の推移あるいは図4－2の造林面積の推移に明瞭に現れているように実際には戦後まもなく始まっていて、前述した一九五〇年代後半、さらには一九六〇年代に多発した豪雨による山崩れ・土石流などの土砂災害の原因の一つとなっている。またこの時代は河川法の改正（一九六四年）で河川整備の目的に水資源利用が加えられて巨大なダムが次々と建設された。これらは高度経済成長を支える役割を森林・林業や河川事業の分野でも負わされた時代と言え、日本が物質的に豊かになっていくプロセスでの法整備である。つまり、国土保全事業は一方で道路や鉄道の建設、住宅団地建設などの開発事業と競合しながら、そしてみずからも開発事業の一部を担いながら、荒廃した国土の回復に努めたのである。

こうした状況の中で国土保全事業は飛躍的な発展をとげたのだが、その最大の理由は戦後の科学技術の発達であり、それを支えたのは地下資源に由来する豊富な資材の投入であった。またそれを可能にしたのは高度経済成長の成果としての国家予算の伸びでもあった。

山地保全関係では明治時代以降強力に進められてきた山腹工事における緑化工技術が完成し、それは道路や鉄道の法面《のりめん》（山を削ったり土砂を積み上げたりしてできる斜面）を保護するのにも応用された。地すべり防止法の制定（一九五八年）と地すべりの研究・防止工法の進歩は中山間地の安全性向上に貢献した。

渓流工事では砂防事業を中心に砂防ダムによる土砂コントロール技術が飛躍的に進歩し、新工法も次々に開発された。これら山腹工事、渓流工事に用いられる資材面でも、コンクリート技術の発達、石油製品資材など新製品の開発が進み、工事の能率向上につながった。

研究面では一九七〇年代に始まった土石流災害対策が特筆されるだろう。当時まで〝まぼろしの土石流〟と言われていた土石流の実態を解明し、その知見を防災技術に導入した。その後の河川分野で考案された〝総合治水〟の考え方を反映させた総合土石流対策の成功は、土砂災害防止技術の進歩の良い例だろう。

「治山事業」という名称が正式に使われるようになったのは、実は山林局が農林省林野局となり、その林務部に治山課が置かれてからのことである。その後、一九五一年の保安施設地区制度の実施によって治山事業は保安林制度と一体化され、一九五六年には予防治山事業が開始された。ほかに水源林造成事業も一九四九年に始まっている。

海岸林の近代的造成とは

これまで述べてきた近代化後の国土保全事業の中で、もっとも早く成果をあげた事業は海岸林の造成事業である。海岸林は森林法の成立により発足した保安林制度の中で三種類の防災保安林（飛砂防止林、防風林、潮害防備林）として規定されるとともに、同じころ（一八九六年）に鳥取県の官林（一八九七年より国有林）における海岸砂防工事で植栽事業が始まり、一八九九年からは特別経営事業による砂防造林事業として各地で実施された。そして第一期治水事業が始まると、海岸砂防造林では人工的に飛砂を堆積させて砂丘を造成し、その後に植生を導入する方式が開発された

（写真4－2）。これによって日本海側などの飛砂の激しい地方での飛砂害対策の方向性がようやく固まり、昭和時代を迎えて海岸林の造成は大きな進展を見せた。とくに一九三二年からは民有林もふくめての海岸砂防林造成事業で近代的な造成が本格化した。

第二次世界大戦中及び戦後の混乱期には、依然として海からの砂の供給がやまなかったこともあって、海岸林もふたたび荒廃した。しかし、農地の確保が急がれたこともあって、いち早く一九四

写真 4-2　1927 年、新潟市学校町浜における簀立工（新潟県治山林道協会〔1995〕より）

写真 4-3　1952 年ごろ、山形県の庄内海岸に設置された堆砂垣

写真 4-4　1958 年、新潟県北蒲原郡紫雲寺町の静砂垣。マルチングを施してある（新潟県治山林道協会〔1995〕より）

八年には本格的に海岸林造成事業（海岸砂地造林事業等）が再開され、一九五三年からのいくつかの立法が後押しして各地で林帯幅の拡大が進み、海岸防災林の造成は全国的に進捗した。

完成された海岸林造成技術は地域によって、また飛砂の程度によってまちまちであるが、日本海側の飛砂常習地帯では通常、①まず堆砂垣《たいさがき》（写真4－3）によって人工的に飛砂を堆積させて砂丘（前砂丘）を造成する、②次に前砂丘を中心に海側にハマニンニクなどの砂草（草本《そうほん》性海浜植物）、内陸に進むにしたがいアキグミなどの灌木《かんぼく》を植栽する、③最後に主砂丘にクロマツを植栽して静砂《せいさ》垣《がき》（写真4－4）やマルチング（わらやむしろなどで表面を覆うこと）で苗木を保護する、④飛砂が激しいところでは春先に砂を取り除いて苗木や幼樹を保護する（砂掘り）、の順序で行われた。

こうして現在の海岸林はほぼ一九六〇年代末までに完成した。日本人と飛砂との長い闘いはようやく一段落したのである。そして、現代の海岸林は防風、潮害防備、飛砂防備、防霧などの防災効果をおおいに発揮して私たちの生活を守り、また景観、保健・レクリエーション、生態系保全、さらには文化機能を発揮して地域の役に立っている（太田猛彦（二〇一二））。

山地保全事業はこのようにして制度面、技術面、資材面、そして資金面で飛躍的に進展し、十七世紀以来三百年以上も続いた山地・森林の劣化・荒廃は回復への道を確実に進み始めた。

三　見放される森

エネルギーと肥料が変わった

けれども、その後の森林の急速な回復をもたらした決定的な要因は別のところにあった。それは、一九五〇年代後半に始まり、治山・砂防事業の成果がようやく現れ始めた一九六〇年代に急速に全国に広まった、いわゆるエネルギー革命と肥料革命に象徴される社会の変革である。

欧米の科学技術を取り入れながら社会を発展させ、工業の発達をベースとして世界有数の経済大国を実現させた背景には、地下資源の大量使用がある。エネルギーの分野において、薪炭から石炭・石油・天然ガスという化石燃料への転換は、薪炭林としての里山利用を放棄することを意味した。また、化学合成された窒素・リン酸・カリ肥料の使用は、堆肥や緑肥《りよくひ》を採取するための農用林を不必要なものとした。つまり地下資源の利用が、二千年以上も続いた日本人と里山の、稲作農耕を介した基本的で密接な結びつきを切断することになったのである。以来、里山の植生は人間の利用圧を受けることもなく生態遷移の法則にしたがって変化し始めた。草地には樹木が侵入し、森の樹木はかつてない勢いで成長し始めた。

林業の衰退で木が育つ?

もう一つ森林の回復を後押ししたものに、林業界の事情がある。奥山の天然林の伐採とその跡地にスギ、ヒノキ、カラマツなどを植栽する拡大造林政策は、林業基本法が制定されたころを頂点に木材の供給面でわが国の開発・経済発展に貢献したが、それでも木材の供給は十分ではなかった。

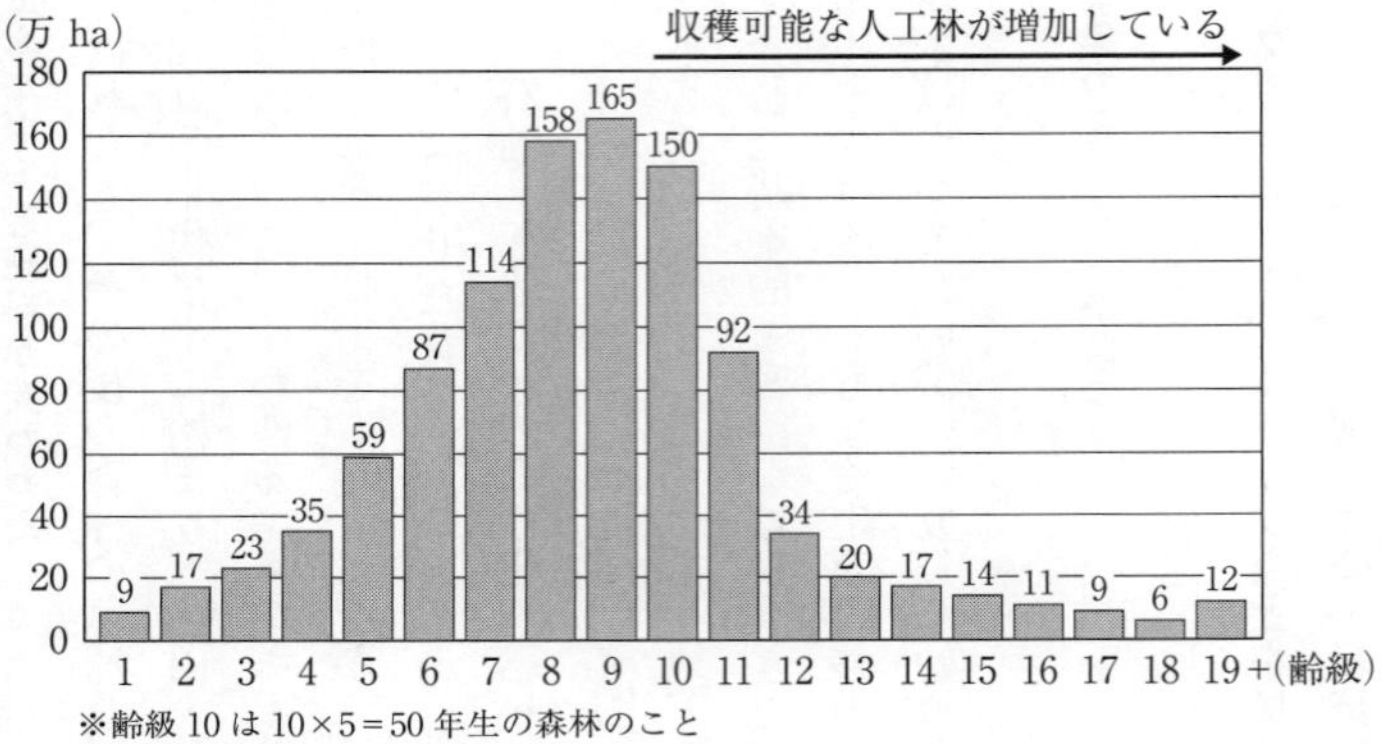

※齢級 10 は 10×5＝50 年生の森林のこと

図 4-3　人工林の齢級構成（林野庁『森林・林業白書』、2007 年調べ）

そこで外材の輸入が自由化されたが、安価な外材の輸入はたちまち国産材の需要を減少させ、図4－1に示したように国内林業は衰退に向かった。奥山での伐採圧力も当然減少したのである。その後、国内林業の不振は半世紀たった現在も続いている。一方で拡大造林によって植栽された人工林は成長し、いわゆる伐期（伐採する樹齢）に達している（図4－3）。

そこで改めて前章の図3－6を見てみよう。すると、昭和時代後期から平成時代にかけて日本の植生は劇的に変化していることが確認できる。すなわち、荒廃山地や採草地・焼畑などは完全に姿を消した。薪炭林も消滅している。代わって人工林の面積が一千万ヘクタールを超えた。これは森林面積全体の四〇％にあたる。森林の総蓄積量も過去四十年間に二倍以上、人工林に限れば四倍以上に増加している。これらは図4－4や4－5でも一目瞭然である。

こうして、日本の森林は劇的に変化し、現在日本の森林は四百年ぶりの豊かな緑に満ちているのである。実際、奥山か里山かを問わず、温泉街の桜並木も川原のヤナギ類も、今いっせいに成長している。私たちは今、日本の森林がきわめてドラスティックに変化している時代に生きているのである。これまで徐々に変化してきたものが、たった四、五十年というきわめて短い時間に変化のスピードを上げ、「はげ山」を消してしまったのである。こんな変化は日本の植生史上なかったことである。とくに、森林の蓄積が増える方向に変わったこ

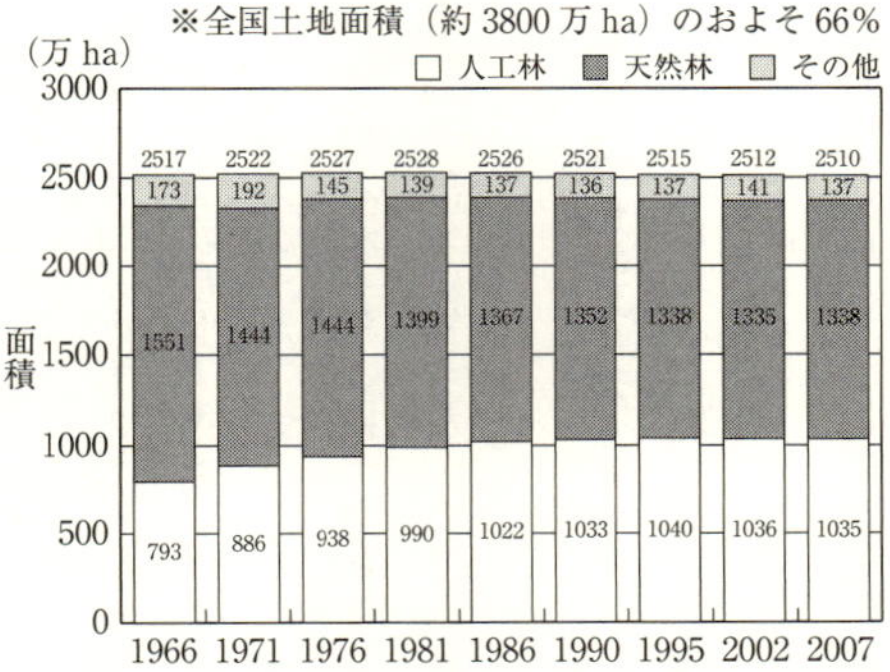

図 4-4　日本の森林面積の推移（林野庁『平成23 年度森林・林業白書』より）

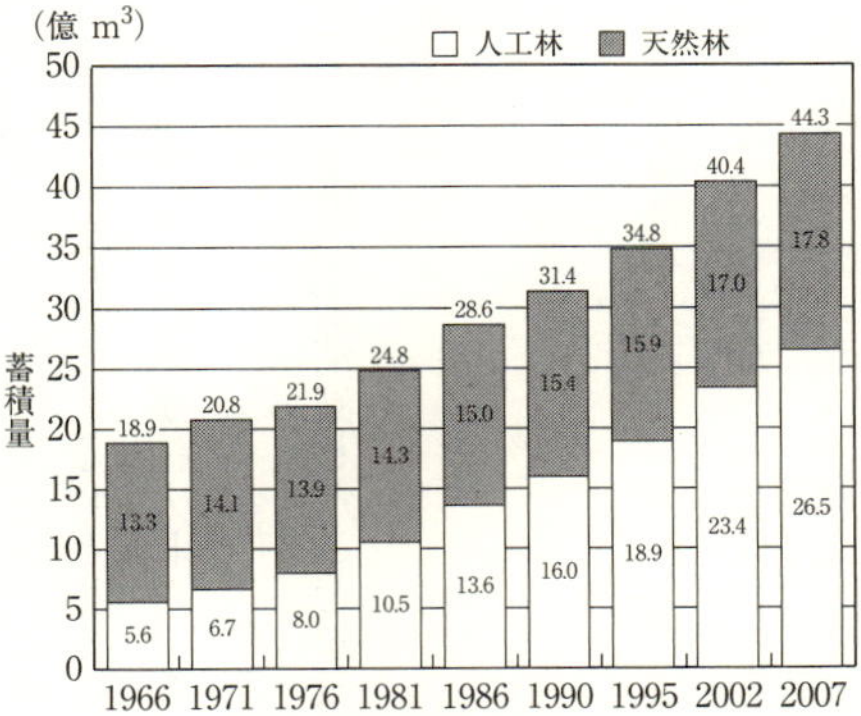

図 4-5　日本の森林蓄積量の変化（林野庁『平成23 年度森林・林業白書』より）

とは初めてであろう。

年配の人は子どものころ学校で「国土の三分の二は森林である」と教えられたはずである。その後、高度経済成長とともに山地が開発され、平地では都市域が拡大した。森林が農地になり、農地が住宅地になった。実は今も「国土の三分の二は森林である」。これは考えてみればおかしなことだ。そのぶん「荒廃地」が森林と化したことや「原野」が消滅したことが原因であり、このことを国民の大部分は知らないのである。

森林は二酸化炭素を減らすのか

話は少し飛ぶが、現在、地球温暖化防止対策は東日本大震災の発生と、気候変動枠組条約第十七回締約国会議（COP17）で京都議定書の第二約束期間に加わらないことを決めたことで、国内での注目度は低下している状態にある。しかしこの対策は地球環境問題の中では今でももっとも重要な課題である。かつての京都議定書目標達成計画では、温室効果ガス排出抑制・吸収目標（削減率一三・八％）の中に「森林吸収源」として三・八％が計上されていた。

森林が二酸化炭素吸収源であるとはいったいどういうことを指すのだろうか。もし単純に、森林が光合成によって二酸化炭素を吸収しているから、三・八％分は、成長していく樹木が吸収してくれるだろうと考えたとしたら、あまりに浅薄な思考と言わざるをえない。吸収源対策は光合成という生物化学的反応とは直接的には関係しない。なぜなら、たとえば熱帯の天然林は多くの二酸化炭素を吸収しているから温暖化対策として役立っていると言えるだろうか。確かに、熱帯多雨林の光合成生産効率は大きく、さかんに二酸化炭素を吸収して有機物を生産するが、同時に生産された有機物の分解率も大きく、地上にたまった落葉や倒木は微生物によってただちに分解されて大量の二酸化炭素を放出しているのである（熱帯多雨林の中には樹高が五十メートルを超す立派な森林もあるが、それらの樹木が倒れ、分解されてできる森林土壌の厚さはわずか十センチほどにすぎない）。その結果、吸収量と放出量は同じになる。このため、森林の炭素蓄積量はその土壌もふくめて増加も減少もしない。温帯林でも同様である。この場合、地球温暖化抑制と森林の光合成作用はまったく関係がないのである。

裸地に生を享《う》けた樹木が成長していく間には、森林の蓄積すなわち炭素の貯蔵量は増加するが、一般には樹木が十分成長すると、厳密に言えば植生遷移が進行し、いわゆるクライマックス（極相林）のような状態に達した時点で、森林による二酸化炭素の吸収量と放出量が一致し、蓄積は一定となる。したがって、蓄積量が増加する期間だけ森林は二酸化炭素を吸収すると言えるのである。

今、日本の森林は奥地の一部天然林を除いて、ほとんどすべてで蓄積を増加させている。ところが京都議定書では、間伐などの管理が行われている森林の蓄積量増加分しか、吸収量として認められない。管理努力を行わない自然のままでの成長による蓄積の増加は認めない約束なのである。さらに第一約束期間においては伐採量は吸収量から差し引かれる〝約束〟なので、三・八％の吸収達成と、伐採を前提とする林業の振興は矛盾することになる。

管理されずに放置されている森林も現在はさかんに二酸化炭素を吸収中であることはすでに明らかだろう。つまり、日本では五十年ほど前まで森林が衰退していたため現在まだ成長中で吸収できるのであり、はげ山であったことが「怪我の功名」になっているのである。したがって、日本で森林での二酸化炭素吸収による温暖化防止対策が有効なのは、人工林や里山の森林が成熟するまでの、もうしばらくの間にすぎない。それ以後は化石燃料の消費を減らす以外にないのである。

実はＣＯＰ17では、すべての国が参加する新しい枠組みを二〇二〇年に発効させることが決められたうえ、伐採された木材も焼却しない限りは蓄積量としてカウントされることになるなど、重要な合意がなされた。森林資源を持続可能な社会に活かすうえで非常に有効な決定である。

劣化と回復を理解するモデル

ここで古代から続いた日本の森林の劣化・荒廃の歴史とこれまで述べてきた回復の歴史を総括しておこう。

まず基本に戻って、自然環境の中で森林が荒廃するとはいったいどのようなことなのか考えてみよう。それには自然環境の構成要素を考えてみる必要がある。

ある地域の自然環境はその地域の大地の基盤をなす「地質」、地表の形状を決める「地形」、その地表を覆う「植生」、その地域を取り巻く「気候」が、それぞれ相互に影響を及ぼしながら、全体としてバランスのとれた状態といえるだろう。バランスをとるために各要素間を移動しているもの

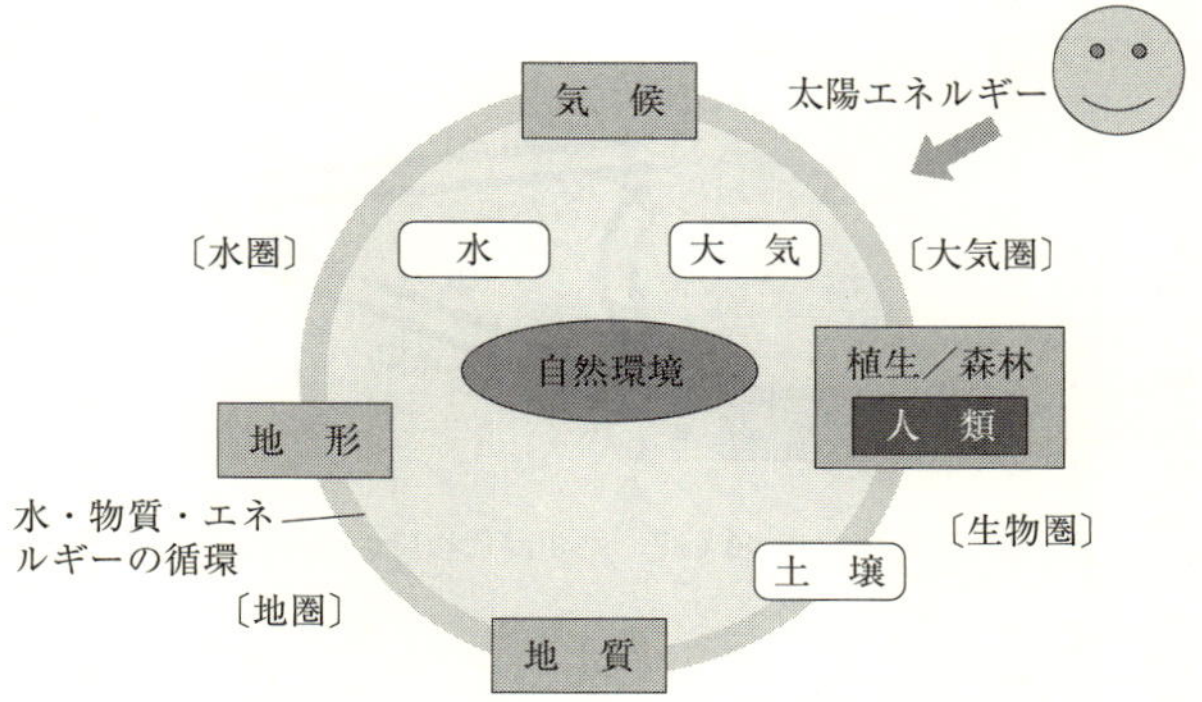

図 4-6　縄文時代の自然環境

が水や大気、あるいはその中を移動する二酸化炭素、土砂などの物質であり、それらを動かしている動力は太陽エネルギーである。そして構成要素のうち植生は気候条件の影響を強く受けるので、温暖多雨の日本ではほぼ全域で本書の主題である「森林」となっている。そのような自然環境の中で縄文時代の日本人は森林動物の一員として暮らしていた（図4－6）。

しかし人口が増加し人々が集団で暮らし始めた弥生時代以降は、人々の活動が自然環境に影響を及ぼすようになり、「人類」自身も環境（もはや〝自然〟環境とは言えない）の一構成要素となった。このとき、人類と環境の関係と言えば、具体的には人類とその他の環境の要素それぞれとの相互関係全体であり、森林と環境の関係と言えば、森林とその他の環境の要素それぞれとの相互関係全体である（図4－7）。

いま後者の場合について相互関係の事例を一、二挙げると、森林と気候の相互関係とは気候が変わると森林のタイ

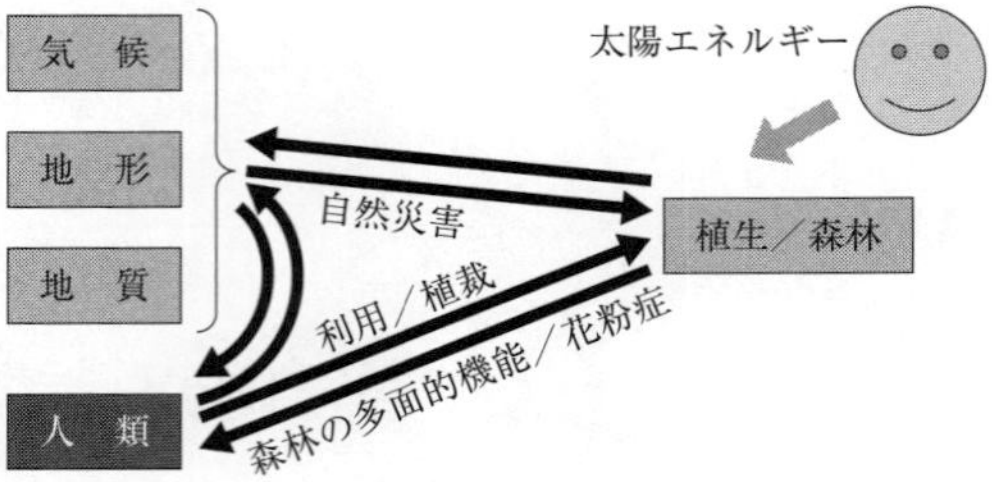

図 4-7　弥生時代以降の森林と人間の関係

プが変わり、森林が大規模に伐採されると気候が変わるといった具合であり、森林と地形の相互関係とは、たとえば尾根と谷のように地形が変わると森林のタイプが変わり、森林が伐採されて山崩れが起こると地形が変わるといった具合である。また、これらの相互関係は他方の変化が大きいほどもう一方が受ける影響も大きくなる。

さて、森林と人類を除くほかの環境の要素、すなわち地形、地質、気候との相互関係を考えると、これらの環境要素の大きな変化は一般に森林にダメージを与える。これを森林の側から見ると、「自然災害によって森林が被災した」ということになろう。地質条件が変化（地震）して、それが水の移動（津波）を介して森林にダメージを与えた例が東北地方太平洋沖地震の巨大津波で被災した海岸林である。

次に森林と人類との相互関係を考えると、森林が人類に及ぼす影響のうち、人類にとって都合の良い影響が山地災害防止や洪水の緩和などの「森林の多面的機能」と呼ばれているものに相当するだろう。しかし獣害や花粉症のような悪影響もある。逆に人類が森林に及ぼす影響は悪影響のほうが多そうで、その最たるものは森林を伐採してほかの土地として利用してしまうことだろう。その影響が連鎖して地形要素を変化させると土砂災害として人類にも影

表 4-2　森林と人間の関係の変遷

年　　代	森林の劣化・破壊要因とその結果	森林の維持・修復策
古代都市の成立	建築等資材用→劣化の開始	森林保護も始まる
戦国期〜江戸期	劣化・破壊の急激な進行（建設等資材用・農用・生活用）	
江戸中期		治山治水の思想・保護林制度
明治中期	劣化・破壊の頂点	治水三法（河川法・森林法・砂防法）
戦後	奥山での劣化の進行（資材用）	拡大造林
1960 年代	エネルギー革命・肥料革命→利用圧の減少	維持・修復技術の進歩
1970 年代	林業の不振→利用圧の減少	治山砂防技術開発・自然保護運動
1990 年代	→森林の量的回復 地球温暖化・生物多様性減少の影響（地球環境問題）	
2000 年代		多面的機能重視（適切な森林施業）

響が返ってくる。このように環境の一要素の変化は環境要素間の相互関係全体のバランスの変化、言い換えれば新しいバランスへの移行をともなうものである。

ところで、人類が森林に及ぼす影響は森林を破壊してしまうことだけではない。森林として維持していても森林に悪影響を及ぼすことがある。それが森林を利用するという行為で、森林にとっては人類から利用圧を受けるということになろう。植栽による森林の育成は、逆にほぼ良い影響に属する部類の行為である。

さて、表4−2は森林と日本人の相互関係の歴史を整理したものである。利用圧に関する社会変化を左に、利用圧を弱めるかまたは積極的に森林を増やす行為を右に記した。ほとんどの項目はこれまで述べてきたことであるが、二十世紀後半には大気汚染や地球温暖化、さらには生物多様性減少などのダメージが左側に加わった。右側の項目のうち保護林制度や森林法（保安林制度）は利用圧を弱める行為であり、治山・砂防事業における緑化は積極的に森林を増やす行為であろう。また、やはり二十世紀後半に始まった自然保護運動や近年の持続可能な森林管理は利用圧を弱める行為である。

かつて里山を中心に衰退していた日本の森林は、わずか四、五十年の間に回復して、四百年ぶりともいえる豊かな緑を取り戻している。いまや日本は世界有数の森林大国なのである。

この基本的事実を正確に認識せず、二十世紀の後半に森林を消失させた途上国と同様に、日本の森は減り続けていると誤解して、平気で環境問題を語っている事例が多すぎる。どうしてそのような誤解がまかり通っているのだろうか。

なぜ人々は「森が破壊されている」と考えるようになったのか。世界的に見れば確かに現在も、途上国を中心に依然として森林の喪失は続いている。日々森林破壊や生物多様性喪失のニュースがマスメディアから飛び込んでくる。他方で森づくり運動がもてはやされる。したがって、漠然と日本の森林も同じだろうとみんな思ってしまうのだろう。

やがて新しき荒廃

森林の量が増えたことはもうおわかりいただけただろう。だからといって安心できるわけでは決してない。現代の里山、人工林、奥山のいずれにも質の面での問題が起こっているからである。

改めて里山を観察すると、なるほど荒れているように見える。道端から森を見ると、地上付近には名前のわからない草や灌木が、その上にも名前の知らないいろいろな木が鬱蒼と生い茂り、場所によってはそれらがまた大きな葉っぱのつる植物で覆われている。その茂みを透かして森の中を見ると、背丈以上のササでびっしりと埋まっていて、一歩も中には入れない。話に聞くいわば〝幻〟の里山とは大違いである。

こうなるのはもっともなことである。人はそれらを刈り取ったり伐ったりする必要がないからそのままにしているだけである。草や木は邪魔されずにのびのびと成長しているだけなのだ。森の植物は生態遷移の法則にしたがって本来の日本の豊かな自然環境を取り戻そうとしているのである。

つまり今度は、かつては毎日のように人が入り込み木や草を採取していた森に入り込めなくなって、「里山が荒れている」と言われるようになっているのだ。「兎《うさぎ》追いしかの山」を、森に入った経験もないのに懐かしんでいるだけなのだ。経験がないから木の名前も草の名前もわからない。百歩譲って昔の里山のような森を豊かな森と考えるとして、それと比較すると〝質的に荒れている〟ということになるだろう。実際の昔の里山の事情は第二章で述べたとおりであり、これまで見てきたように、現在の里山がいかに特別な状態にあるかがわかるだろう。

スギ、ヒノキに代表される人工林はどうだろうか。一般に木材の生産を目的とする人工林では、伝統的に一ヘクタール（百メートル×百メートル）あたり三、四千本の苗木を植栽していた。現在はこれより少ない。たてよこ二メートル間隔で植栽すれば一ヘクタールあたり二千五百本、たてよこ一メートル間隔で植えれば一ヘクタールあたり一万本だから、一ヘクタールあたり三、四千本の植栽密度はそれらから感覚的にとらえることができるであろう。密植を伝統とする奈良県の吉野地方では一ヘクタールあたり一万本を植えていた。

しかし、苗木が成長するにしたがい数回にわたり成長の悪い木を抜き切りする「間伐」を繰り返して、伐採・収穫するときには数百本になっているのが一般的で、樹齢が四、五十年（伐採齢という）で伐採していた。苗木を植えてからの数年間は成長の速い雑草や灌木に負けないようにこれらを刈る下刈りを行う。その後の除伐（いわば幼齢期の間伐）、枝打ち、つる切りも重要な仕事である。なぜこのような面倒なことをするかというと、通直《つうちょく》（まっすぐ）で形質のよい木材を生産するためである。

このような手入れ（保育、古くは撫育《ぶいく》と言った）にはたいへんな労力を必要とするが、拡大造林時代に大量に植えた苗木が幼樹に成長し始めたころから外国産材の輸入が急増して材価が低迷し始め、国内林業は儲からなくなっていった。そのため手入れの経費が捻出できなくなり、間伐遅れの人工林が増加した。間伐遅れの事実はよく知られている。間伐が行われなくなると形質のよい木材が生産できないだけでなく、樹冠が閉鎖して林内に光が入らず、したがって下草（林床植生）が成長せず、とくにヒノキの一斉林では地表が裸地化する。そこでは表面侵食が容易に起こり、国土保全上も問題を起こす。

このように、人工林も現在は確かに荒れている。手入れを前提としている森で手入れができなければ荒れるのは当然である。「人工林が荒れている」のは間違いない。しかしこうした問題が解決されないままでも、人工林は黙々とその蓄積を増加させている。

最後に奥山はどうだろうか。奥山は第二次世界大戦後までほとんど人が入らなかった。古代から大径木は伐り出され、昭和初期からは天然林も伐採されてきたけれども、有用な針葉樹が多い山を除けば、まだまだ十分に樹木はあった。マタギの人たちが森を大事にしながら歩きまわっていた程度であった。

その奥山で大規模な伐採が始まったのは、拡大造林の時代以降である。林業だけではない。高度経済成長とともに道路ができ、舗装され、登山や観光で人々が入りやすくなった。工場や自動車の排ガスが山奥まで流れ込んだ。つまり人が入らなかった奥山は、保護活動やある程度の規制措置が講じられはしたが、日本人の活動が拡大した影響で、動植物の絶滅・希少種化などとくに生物多様性保全の面で人為的悪影響を受け、問題を起こし始めたのである。「奥山が荒れている」のも確かなことだろう。

このように考えるとこれまで本書が述べてきた森林の回復は、実際には〝量的に〟回復したにすぎないのであり、日本の森林を〝質的に〟豊かにするためには、なお多くの問題が待ちかまえていると言える。しかし、量的回復の効果や影響を評価することなしに、また森林の変遷の現状を正しく認識することなしに、「森林の荒廃」を論じることはできない。まず、日本の森林が量的に回復した効果を正確に理解したい。それはおそらく多くの日本人の想像を超えて、効果というだけではすまされない重要な課題を突きつけているのである。次章ではそれを採り上げたい。前述した森林の質的な問題はそのあとである。

第五章●いま何が起きているのか——森林増加の副作用

一　土砂災害の変質

日本の森林が全体的に成長したそのもっとも明瞭な証拠は土砂災害の減少である。しかし、土石流や地すべりなど、ほとんど毎年のように激しい土砂災害が報道される中で、それが減少していると言われても実感できないだろう。そこで最初に、山地で起きる土砂災害の全体像を明らかにし、そのあと、近年になって土砂災害の状況が変化してきていることを示す。

土砂災害の呼び名いろいろ

土砂が移動する現象については、山崩れ、がけ崩れ、土砂崩れ、落石、山腹崩壊、斜面崩壊、地すべり、山津波、土石流、泥流《でいりゅう》など、多くの用語が使われている。これらは地形学で言う侵食現象の一部であり、国際的には地形学的あるいは地盤工学的な分類があるが、わが国では土砂災害防止の観点から分類したほうがわかりやすい。ここでは山地あるいは斜面で発生する、おもに豪雨、融雪、地震に起因する土砂移動現象から、土砂災害を引き起こすものの代表として、①表面侵食、②

表層崩壊、③深層崩壊、④地すべり、⑤土石流をとり上げる。

①表面侵食は、はげ山や畑地など裸地の斜面で豪雨によって（雨水の）地表流が発生したとき、その流れによって土、砂、小石が削られ、運搬される現象で、土壌侵食とも言われる。

森林や草地などは、地表は通常、落葉や草で覆われているので、豪雨の際でも雨水はほとんど地中に浸透し、地表流は発生しない。したがって表面侵食も起こらない。しかし地表に落葉や草が存在しないと、森林であっても地表流が発生する。なぜだろうか。

実は、雨が直接土の表面をたたく（雨滴侵食という）と、跳びはねた細かい土粒子が土の表面の隙間を塞《ふさ》いで、図5－1のように水を通しにくい薄膜（雨撃層あるいはクラスト層という）をつくる。雨撃層は強い雨ほどよくできる。こうなると、いくら土の中がふかふかな状態でも水が浸透しきれず、地表流が発生する。

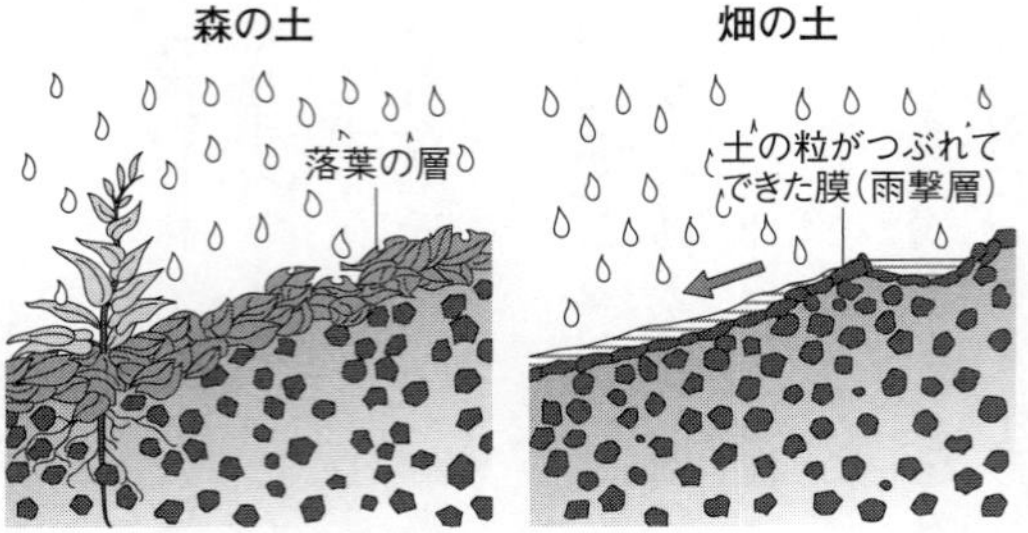

図5-1　雨撃層（クラスト層）ができる仕組み

この現象は、耕したばかりの畑や庭の菜園でも、強いにわか雨のときには水がしみこまず、畝《うね》の間に水たまりができることなどを見ればわかるだろう。

こうして裸地の斜面で発生した地表流は、へこんだ部分にただちに集まって下方へ流れるので、斜面が急になると小さな溝になり、その流れも速くなる。したがって実際には表面侵食は溝状侵食

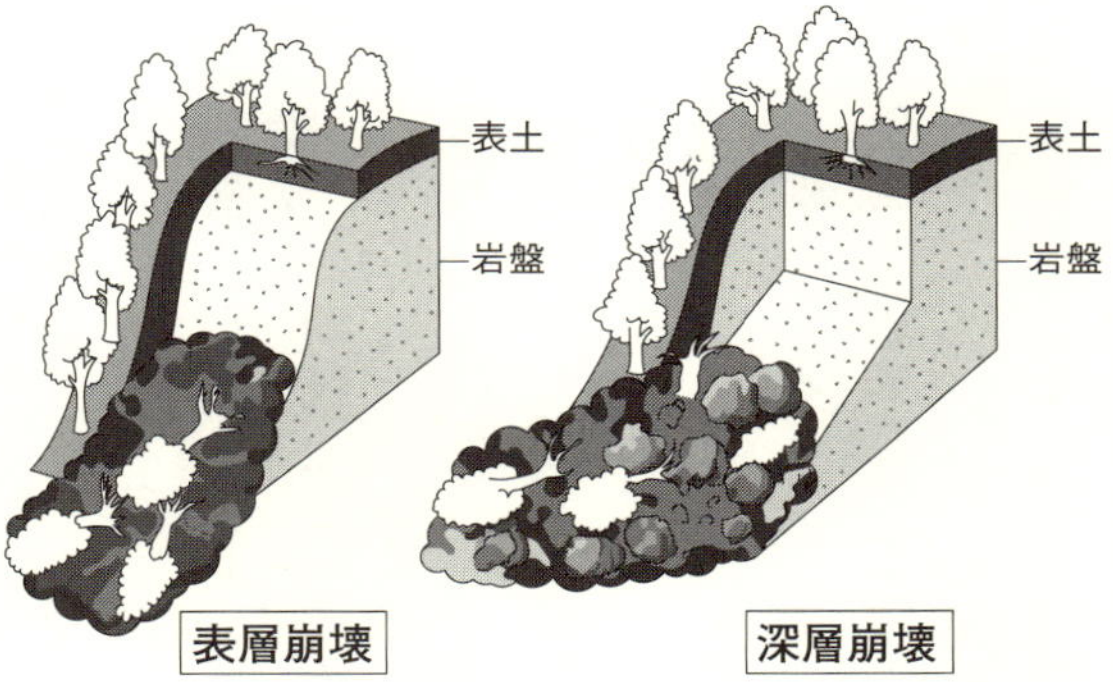

図5-2　崩壊の形の違い

になり（細いものをリル侵食、発達したものをガリー侵食という）、降雨のたびに深まり、拡大していく。深層風化した花《か》崗岩《こうがん》類山地のはげ山では、いく筋もの溝が並んだような光景になり、強い雨のたびに土砂を流出させる。第二章で示したはげ山の写真を思い出して欲しい。

②表層崩壊と③深層崩壊はいずれも、「崩れ」「崩壊」「すべり」などという言葉のつく山崩れ、がけ崩れ、土砂崩れ、山腹崩壊、斜面崩壊、地すべりなどの現象を大きく二つに分類したもので（地すべりは後述）、図5－2に示すように、斜面表層の風化土壌層が崩れるものと、もっと深く基盤岩から崩れるものがあり、見かけ上同図左の②表層崩壊と呼ばれるものは小規模、同図の右の③深層崩壊と呼ばれるものは大規模なものである。実際に深層崩壊は大規模崩壊と呼ばれることも多い。

実はこの二つは森林と山崩れの関係を説明するために生まれた分類である。森林の機能の一つとして「森林は山崩れを防ぐ」と言われているが、どんなタイプの山崩れも防ぐことができるというものではない。まず②表層崩壊について説明する。

なぜ崩れるのか

山腹斜面の断面を見ると、表層に森林土壌の項で説明したような厚さ〇・五—二メートル程度の風化土壌層（表層土）があり、その下部は母材（土）の素である弱風化の（風化の程度が小さい）基盤岩があり、その下に緻密《ちみつ》で堅固な未風化の基盤岩がある。このとき地表の植物の根は大部分が基盤岩に比べてはるかに軟らかい風化土壌層の中で発達し、成長した樹木の根の一部のみが弱風化部に到達しているのが普通である。また、急斜面上では風化土壌層が薄いので、樹木は弱風化あるいは未風化部の割れ目の中に根を何とか食い込ませて、わずかな水分や養分を吸収している。

このような山腹斜面に大雨が降ると、地中に浸透した雨水は弱風化部までは容易に浸透するが、未風化の基盤岩内には浸透できず、弱風化部や土壌層の下部（C層）の隙間にとどまり、やがて隙間は水で満たされる。この水で飽和した層は飽和帯または地下水帯と呼ばれる。地下水帯の底は不透水層あるいは難透水層として作用する未風化の基盤岩であり、上端が地下水面ということになる（仮に地表から井戸を掘ると、そこに水面が現れる）。土は濡れると弱くなるが、大雨が続くとさらに地下水面は上昇し、風化土壌層は水に浸かったような状態になり、いっそう弱くなる。

斜面上の風化土壌層は重力の作用により常に斜面下方向きの力（すべらせようとする力＝剪断《せんだん》抵力）を受けているが、それに抵抗して斜面の基盤岩につなぎとめる力ももっている。それが剪断抵

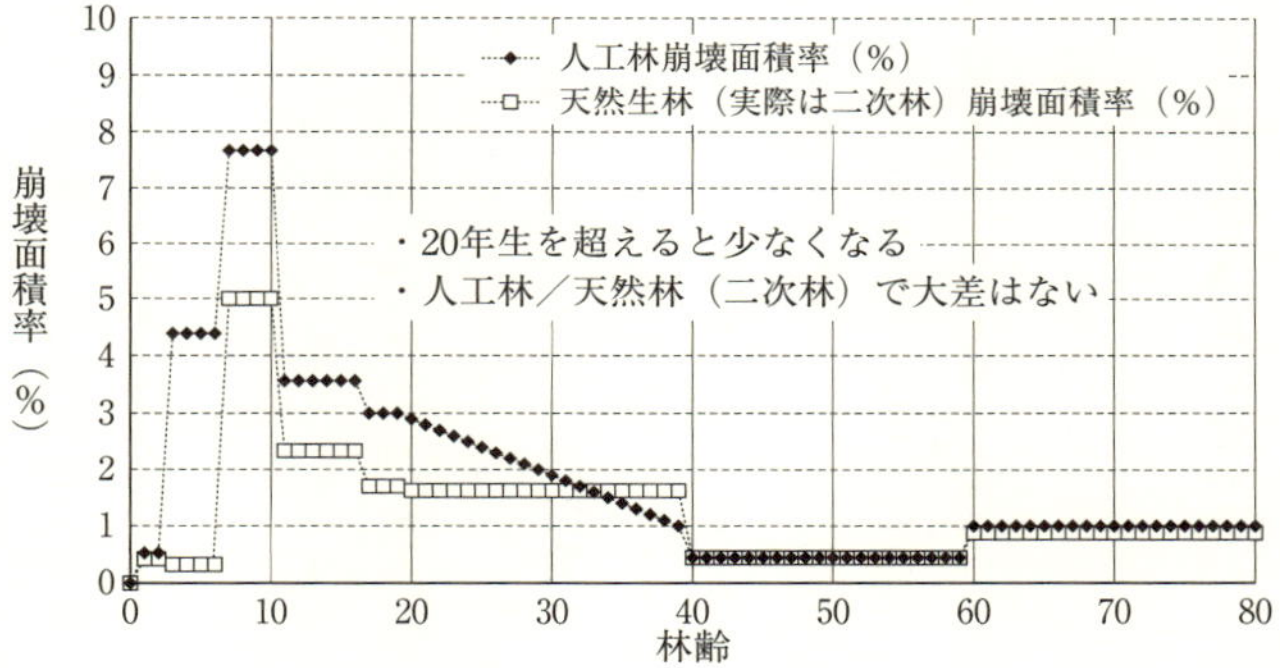

図 5-3　林齢別の崩壊面積率

抗力である（風化土層と基盤岩の境界を「すべり面」という）。その力の中には基盤岩に食い込んだ根の力もふくまれている。大雨による地下水面の上昇はその力を弱める。物理的には風化土壌層の下部に間隙水圧が発生し、剪断抵抗力が低下していくことになるが、成長した樹木の根があるときは根の力も加わっているため風化土壌層を基盤岩につなぎとめることができ、豪雨の際でも崩れ落ちない。ところが、樹木が伐採されて根が腐った場合や、灌木《かんぼく》のように樹木の根が深くまで発達していない場合は剪断抵抗力が土の力だけになるので、豪雨によって地下水面が上昇すると抵抗力が小さくなり、風化土壌層は耐え切れなくなって崩れてしまう。物理的には、剪断破壊が起こったという。草地の場合も同様である。

図5－3は私たちが房総半島南部で調査した林齢別の崩壊面積率を示すグラフである。このグラフで崩壊面積率は林齢が十年前後で極端に増加しているが、二十年ごろにはかなり低下し、三十年を超えるとほぼ一定になる。グラフ

の原点にあたる時期に、過去にそこにあった森林が伐採されているはずである。そのことを考慮すると、林齢十年前後は過去の樹木の根系が腐朽し、新たに成長し始めた樹木の根系がまだ十分に成長しきれない時期にあたる。そして、二十年を超えると根系が発達して風化土壌層を基盤岩につなぎとめる力が回復し始めることを意味している。

ついでにこのグラフが示すもう一つの重要な事実を指摘しておこう。それは、おおかたがスギかヒノキの森である人工林も、天然生林（伐採後、人手が加わらず自然に再生した森林）と表現されている広葉樹を主体とする二次林も、ほとんど同様の傾向を示していることである。通常スギ・ヒノキ林は崩壊しやすく、広葉樹林は崩壊しにくいと思われているが、実際には大差ないのだ。たとえば十年目までは3ポイントも差があるではないかという見方もあろう。しかし人工林はそもそも地味《ちみ》のよい（植物にとって生育しやすい）山麓部に多く植えられ、そこは風化土壌層が厚く、水分も多くなっている。一方、広葉樹林は土壌層が薄い尾根筋などに多く、もともと崩れにくい場所に育っている傾向がある。この差がグラフに現れているだけであって、同じ立地条件では大差ないと判断できる。人工林であれ自然林であれ、成長した樹木は風化土壌層の崩壊を抑えることができるのである。

表層崩壊と深層崩壊の違い

山腹斜面上の風化土壌層が豪雨の際に崩壊するメカニズムと森林が山崩れを防ぐ作用の概略を述

べてきた。そして、このような深さ〇・五―二メートル程度までの風化土壌層の崩壊を表層崩壊という。表層崩壊は強い地震の場合にも起こる。この場合は重力に地震のゆれの力（慣性力）が加わって、むしろ崩す力が増加して抵抗力を上回るために起こると考えられる。

一方、山腹にはもっと厚く風化土壌が堆積しているところもある。また、河岸段丘のように土砂が二次的に堆積したところや、もともとの基盤が火山灰でできているところもある。このような場所や基盤岩の内部に割れ目が入っている場合には、前述した風化土壌層に比べてもっと深いところに地下水が集中してしまい、そこでの間隙水圧の上昇によってその上部が崩れてしまうことがある。また、地震がとくに大きい場合もこのように深いところから崩れることがある。そしてこのような場合は、樹木の根系の分布範囲よりずっと深い部分、少なくとも四、五メートルより深い部分から崩れるので、崩壊の可否に樹木の有無は関係しない。このように、基盤岩内の岩盤強度の弱い部分や水の集中しやすい部分を境にしてその上部が崩れる崩壊は、深層崩壊と呼ばれて表層崩壊と区別される。典型的な深層崩壊は基盤内から崩壊するタイプのもので、崩壊の規模（面積や崩壊土砂量）は表層崩壊に比べて圧倒的に大きく、崩れる物質は大部分が岩塊や礫《れき》である。

このように、表層崩壊と深層崩壊の区分は単に崩壊規模の違いだけでなく、崩壊発生面の部位や崩壊物質の違い、森林の崩壊防止機能の有効性の有無などに関係する質的な違いによるものである。したがって、「森林は山崩れを防ぐ」というのは正確ではなく、「森林は表層崩壊を防ぐ」というべきなのである。

以上のように「表層崩壊」という用語は森林と山崩れの関係を正確に説明するために導入されたもので、研究者間では早くから使われていた。一方で表層崩壊以外の山崩れは多くはなく、また次に述べる地すべりはその防止対策を中心に特別な取り扱いがなされてきたので別に分類されていた。したがって「深層崩壊」の用語はあまり使われてはいなかった。現在深層崩壊と呼ばれているような山崩れは、大規模な山崩れとか大規模崩壊とか巨大崩壊とか呼ばれていた。

地すべりとは何か

ところで深層崩壊の中には（1）同じ斜面で繰り返し発生する、（2）短時間に急速に移動するのではなく、ゆっくりと移動する、（3）ある種の地質条件で起こりやすい、（4）すべり面に粘土が存在する、などの特徴をもったタイプのものがある。そして、風化土壌層が崩れる表層崩壊でも基盤岩内から崩れる深層崩壊でも、表層の崩れる土塊の部分と残っている基盤岩などとの境界を「すべり面」というが、このようなタイプの深層崩壊は、すべり面に大雨や融雪によって地下水がたまったときに移動するので、土砂災害防止対策も通常の崩壊防止対策とは異なる特別な対策が施されている。そのため、古くから④「地すべり」と呼んで通常の深層崩壊と区別して取り扱われてきた（図5－4）。したがって、広義の深層崩壊には地すべりもふくまれるが、通常③の深層崩壊の用語は地すべりタイプのものを除いたものに対して用いられる。

なお、地すべりはこのように特殊な土砂移動形式であるが、日本全国に広く分布する第三紀層

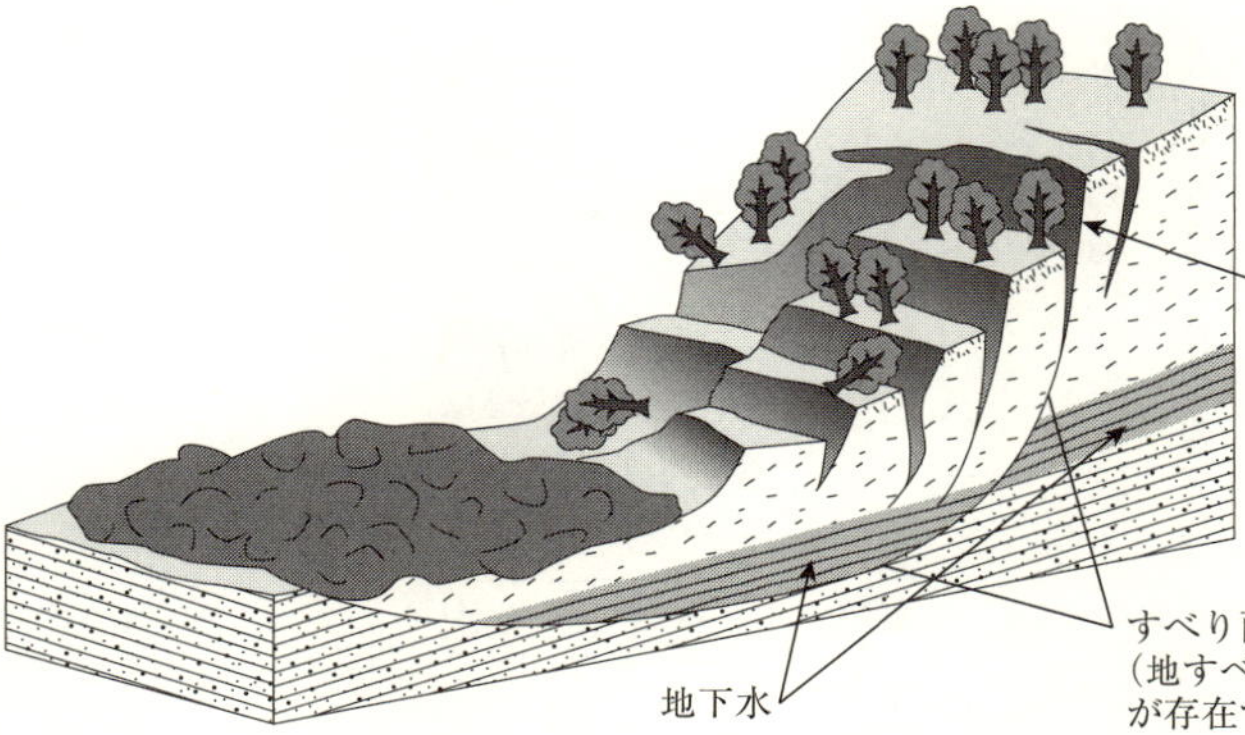

図 5-4　地すべりの模式図

（約六千五百万年前から二百万年前までに堆積した地層）や断層・破砕帯、あるいは一部の火山地域で頻繁に発生してきた。しかも人々の住む集落や棚田のある場所にまで及ぶので、災害防止対策もふくめて古くから注目されてきた。また、その対策も特殊であるので防災技術者や研究者の関心を呼び、地すべりを研究するグループが集まって学会（日本地すべり学会）をつくっているほどである。しかし、②表層崩壊、③深層崩壊、④地すべりのどのタイプのものも崩壊にいたるメカニズムは基本的に変わらないので、国際的にはすべての崩壊が区別なくlandslideとして議論されている（「地すべり」と訳されることが多い）。したがって日本地すべり学会では、③タイプの深層崩壊を「初生《しょせい》の高速地すべり」などと呼んでいる。

土石流とは何か

最後に⑤土石流についても簡単に述べておこう。これ

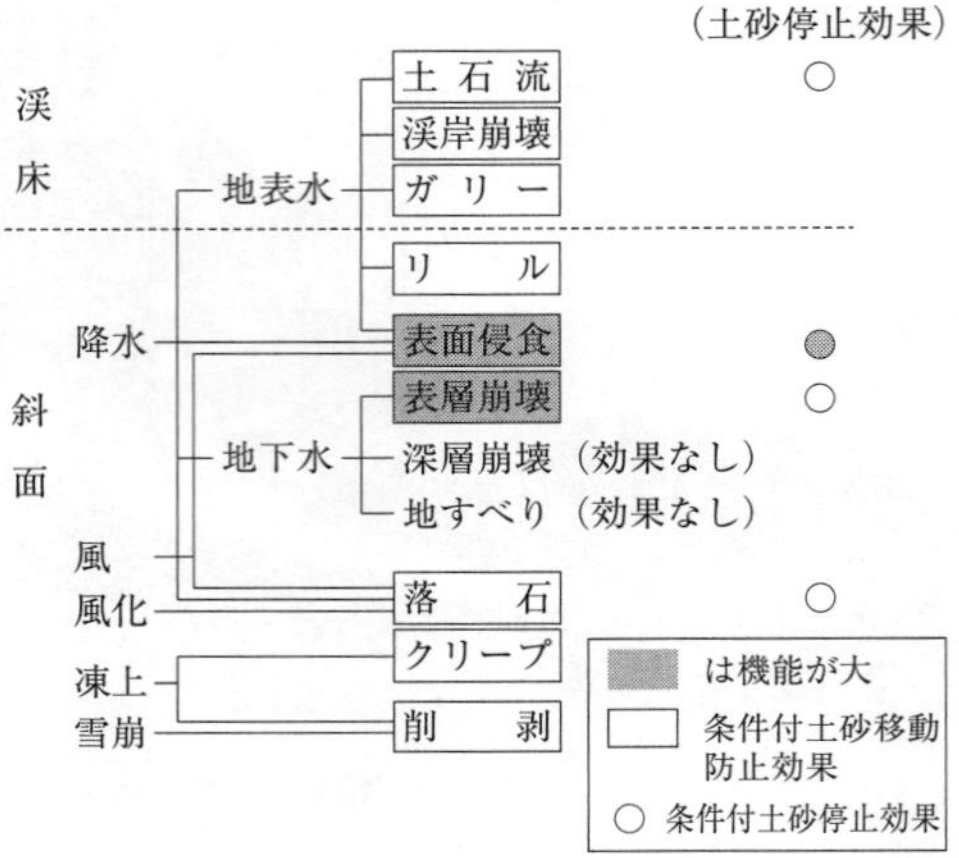

図 5-5　森林の土砂災害防止効果

まで説明してきた②、③、④により発生した土砂において、土砂自身が大量の水をふくむか、崩れ落ちた土砂に（雨などで）大量の水が加わるかしたとき、土砂は流動性を増して沢筋《さわすじ》や小渓流を流れるように移動し始める。この移動を開始した流動体を、土石流と呼ぶ。土石流は土砂と水、流木などが渾然一体となって流れるもので、沢や谷や渓流を高速で流下し、途中で渓床《けいしょう》（渓流の底部）の土砂や渓岸《けいがん》（渓流の岸）の立木を巻き込んでさらに膨れ上がって破壊力を増して進み、谷の出口あたりの渓床勾配の緩やかなところまで来てようやく堆積し始める。土石流が繰り返し堆積した谷の出口は扇形の地形となり、土石流扇状地と呼ばれる小型の扇状地を形成する。

平地の少ない山間部では、こうした扇状地上の緩斜面は人々が利用できる貴重な土地であり、集落が発達しやすい。しかし、上流で土石流が発生すると集落は土石流の直撃を受けることになる。土石流の運動エネルギーは大きく、谷の出口ではまだ相当の破壊力をもっているため、家屋や人身に甚大な被害を及ぼす。その後は扇状地上に大量の岩塊や土砂を撒き散らして止まるのが普通であり、家屋や田畑があればその中に埋まってしまう。近年発生した人命の損傷をともなう土砂災害の大部分は土石流災害である。土石流は過去には山津波《やまつなみ》、山抜け、蛇抜《じゃぬ》けなどと呼ばれて恐れられた。蛇抜けとは、土石流が沢筋を駆け抜ける様子を蛇《へび》に見たてたことから言う。

日本の山地で発生するおもな土砂災害について述べてきたが、山地ではしばしば落石による事故が発生する。落石は豪雨時のほか、春先の凍結・融解が繰り返される時期に起きやすい。

図5－5は地震や火山活動に起因するものを除く土砂災害の形態とその誘因、及び森林がこれらの土砂災害を防止する効果を示したものである。その際、防止効果は土砂の移動開始を阻止する効果と、移動している土砂の停止を促進する効果に分けて評価している。森林の土砂災害防止機能を結論的に言えば、「森林は表面侵食を防止し、表層崩壊を軽減し、表層崩壊起源の土石流を軽減する」となる。その他の効果は条件次第であり、限定的なのである。

二　山崩れの絶対的減少

かつて頻発した表層崩壊

さて、徳川幕府が成立してまもなく顕在化し、以後三百年以上にわたって続いた山地荒廃の時代に、山地で発生した土砂災害はどのようなものであっただろうか。その答えは前述したおもな土砂災害の紹介ですでに明らかだろう。すなわち、花崗岩類の地域に多く見られるはげ山での表面侵食と、花崗岩地域をふくめたすべての地域の草山、柴山、瘠悪林地《せきあく》など、森林が消失あるいは劣化した里山で見られる表層崩壊である。森林が荒廃していた時代のこうした災害の実態を知ることは現在の森林の状態を正確に評価するうえで不可欠なことである。

まず、表面侵食は一度に大量の土砂を流出させるものではないので、人命・財産に直接的被害を及ぼすような災害にはならない。深層風化という特別の風化形式によって深くまで真砂《まさ》が続く花崗岩類の山地では、樹木だけでなく下草まで採取するような過剰なバイオマス利用が里山をはげ山化してしまい、その後は少しずつではあるが降雨のたびに、すなわち年間数十回にわたって斜面は侵食され、結局は大量の砂が河川、そして海にまで流出することになる。地表が侵食され続けるということは、植物が根づかないことを意味する。したがって、こうしたはげ山では半永久的に表面侵食が続くことになる。

実際の表面侵食は溝状侵食で、侵食が進むと溝は深まり、その幅を拡大させ、あるいは隣りの溝と合流して溝内の水量を増し、ますます土砂を流出させる。斜面全体の侵食が進むと、深層風化部の所々に存在する未風化の岩塊が山腹斜面に顔を出し、さらにまわりの風化部が侵食されて浮き上がった巨大な岩塊（丸みを帯びたものが多い）が転がり落ちることもある。このように花崗岩類地域のはげ山からは土砂流出が続く。

しかし、何と言ってもこの時代の山地災害の主役は表層崩壊だろう。はげ山が見られない地域でも、森林が劣化すると豪雨の際に表層崩壊タイプの山崩れが発生する。草山や灌木と草本を主体とする柴山でも豪雨があれば表層崩壊が多発する。表層崩壊は風化土壌層が崩壊するのであるから、風化土壌層が存在しないか、ごく薄いはげ山では、表層崩壊は起こりえない。

実は表層崩壊も、もっとも激しく発生するのは花崗岩類の山地である。深層風化していても森林の利用頻度がやや少ない地域や深層風化がそれほど激しくない地域などには、はげ山にまではいたっていない矮林《わいりん》（樹高の低い林）の地域が広大に存在する。実面積としてはこのような地域のほうがはげ山地域よりはるかに広かった。このような地域や皆伐後の幼齢林の地域では、豪雨があるとおびただしい数の表層崩壊が発生した。

たとえば、図5－6は関東大震災の二年後に東海地方を襲った豪雨のあとに神奈川県が調査した丹沢《たんざわ》山系（神奈川県）の崩壊跡地の分布図である。図中の濃い色の部分が崩壊跡であるが、これらはほとんどが表層崩壊である。また、写真5－1は当時の丹沢山地の遠景である。この写真の中の爪で引っ掻《か》いたようなところはすべて表層崩壊の跡地である。丹沢山地は頂上が千五百メートル程度の山であるが、一般木材利用や薪炭材利用で森林が劣化していたために表層崩壊が発生したのである。これらの図や写真から当時の崩壊発生の実態が想像できる。

花崗岩類の地域で森林伐採後に発生した表層崩壊の事例をもう一つ示そう。図5－7は第二次世界大戦後に始まった大面積皆伐《かいばつ》の跡地である。豪雨により発生した崩壊地を航空写真から読み取って作成したもので、一九五〇年代の終わりごろの山梨県大武《おおむ》川流域の奥山で発生したものである。

図中の濃い色の筋はほとんど表層崩壊の跡地である。

これらの図や写真、それに第二章で示した図や写真から、山地荒廃の時代に表層崩壊が多発したことは容易に想像できるだろう。そして、これらの表層崩壊で発生した大量の土砂は、多少の時間差はあっても結局はすべて山腹から渓流、扇状地、そして下流河川へと流出した。山地荒廃の時代の土砂流出の主役が表層崩壊であったということがわかるだろう。

ところでもう一度図5－7を見ていただきたい。表層崩壊は下部で隣りの崩壊と合流している。あるいは沢筋に沿って次々と合流している。これは表層崩壊の土石流化を意味している。土石流は深層崩壊土砂によるものよりも、こうした表層崩壊土砂が単独またはいくつか合流して土石流化するほうが一般的である。図5－7に描かれた地域は奥山であり、谷幅が狭い。それなのに谷幅が広く描かれているところがある。これは巨大な土石流が流下した跡である。このような巨大土石流は下流の扇状地にまで到達し、大氾濫を引き起こして扇状地上の集落や田畑に甚大な被害を与える。この図がつくられた大武川災害は、中央本線の鉄橋まで破壊したことでとくに著名である。

表層崩壊は花崗岩類の山地以外でも起こる。次に目立つのは約二千五百万年前から二百万年前に形成された新第三紀層と呼ばれる比較的若い地層である。日本では地震による断層・破砕活動が活発で基盤岩は次第に割れ目をもつようになるが、新第三紀層地域の砂岩や泥岩はあまり割れ目をもたず、風化作用も地表に近い部分に限られる。したがって、風化土壌層の底面は不透水性の基盤岩となり、その上に地下水がたまりやすい。このため、豪雨時に表層崩壊が発生する。私は房総半島

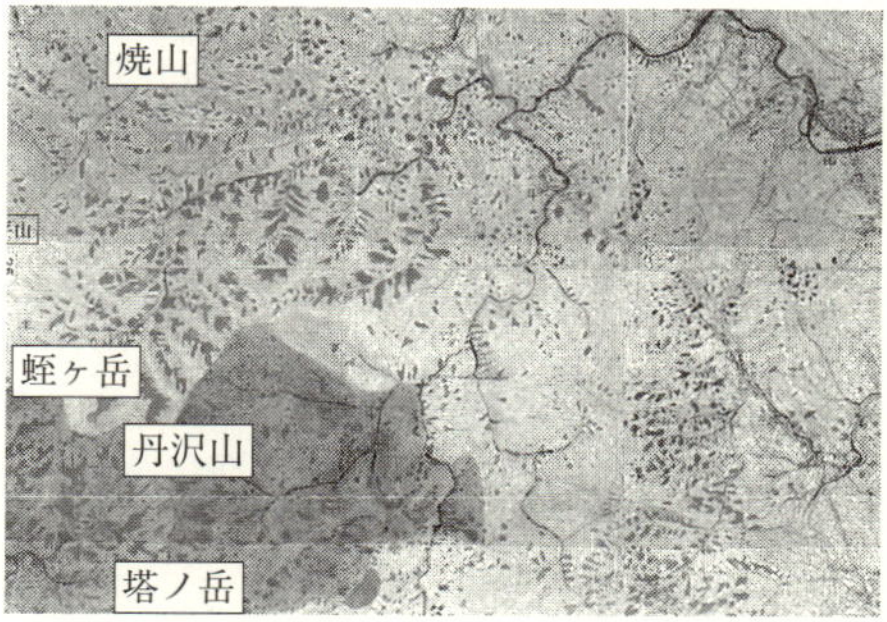

図 5-6　関東大震災後の丹沢山地の崩壊地図（提供：神奈川県）

写真 5-1　関東大震災後の丹沢山地。左が檜洞丸、右が蛭ヶ岳

図 5-7　1950 年代後半の大武川流域の崩壊跡地

（千葉県）で発生する表層崩壊を若いころからたびたび調査しており、典型的な表層崩壊が何度か起こっているのを目撃している。その他の地質条件でも、丹沢山地や大武川上流に比べると崩壊数は少なくなるが、森林の劣化や皆伐は必ず表層崩壊を引き起こしている。

また、丹沢や大武川の例はどちらかというと奥山に近いが、里山でも同様に表層崩壊が多発している。私は一九六〇年代の終わりごろ、新潟県北部の荒川・胎内《たいない》川流域を襲った羽越水害の跡地を調査したことがある。この地域は新第三紀層を中心に多様な地質条件の山地が入り混じったところであるが、やはり表層崩壊が多く発生していた。この調査では表層崩壊の発生原因を統計解析で調べたが、崩壊を引き起こす多様な因子の中で植生因子（この場合は樹高）がもっとも明瞭に影響し、樹高の低い林地（伐採跡地や幼齢林、矮林）で圧倒的に表層崩壊が多かった。

以上のように、山地荒廃の時代に起こった土砂災害は、はげ山での表面侵食、劣化した森林や草地での表層崩壊、表層崩壊起源の土石流が大部分を占める。こうして渓流や河川に流出した土砂は扇状地に氾濫し、あるいは河床を埋めて洪水氾濫を発生させた。人々は苦労して堤防をつくり、氾濫を防いだ。すると土砂は河床内のみに堆積し、また洪水が氾濫するようになる。人々は再び堤防をかさ上げせざるを得ない。その繰り返しの結果が、山城国《やましろのくに》平尾村に見た天井川《てんじょうがわ》である。この例では扇状地を通過した土砂や砂はもっと下流の大阪平野にまでいたり、とくに渇水時に木津《きづ》川や淀《よど》川の流れを妨げて舟運《しゅううん》を阻害していたと思われる。それればかりでなく、さらに海にまで流出し一部は河口にたまって河口閉塞（第一章末を参照）を起こし、大部分は沿岸流によって各地の砂浜海岸に到達し、飛砂《ひさ》となって人々を襲ったことであろう。

表面侵食が消滅した

さて森林が回復した現在、山地災害の現況はどうなっているだろうか。まず誰の目にも明らかなのは、表面侵食がほぼ完全に消滅したことであろう。表面侵食は地表流が発生することによって起こるのだから、原理的には、雨水がすべて地中に浸透すれば地表がどんな状態であろうと起こらない。このことを示す観測研究がある。この研究は国土交通省琵琶湖河川事務所が滋賀県の田上山《たなかみ》で五十年も前に始めた研究で、研究の主目的は森林の表面侵食防止機能を評価することであったが、その初期状態の観測から同時にこの原理を示唆する結果も得られたのである。

写真5－2はその観測現場である。すなわち、斜面に隣り合う二つの区画をつくり、一方は裸地とし（裸地区）、他方には階段を切ってマツを植え（植栽区）、地表流の水量と流出する土砂量をそれぞれ継続的に測定した。図5－8はその流出土砂量の測定結果である。

測定を始めた最初の年から、植栽区からの流出土砂量は裸地区のそれの百分の一――千分の一程度であった。しかし、この時期は植栽直後で、植栽区も地表は裸地のままである。それでも植栽区の流出土砂量が極端に少なかったのは、植栽が階段を切って行われたため、雨水が階段面内で地中に浸透し、地表流が流下しなかったからである。単純な研究とはいえ、この研究のすごいところは、三十年以上も観測を続けたことである。やがてマツが成長し、地表が落葉や下草で覆われるように

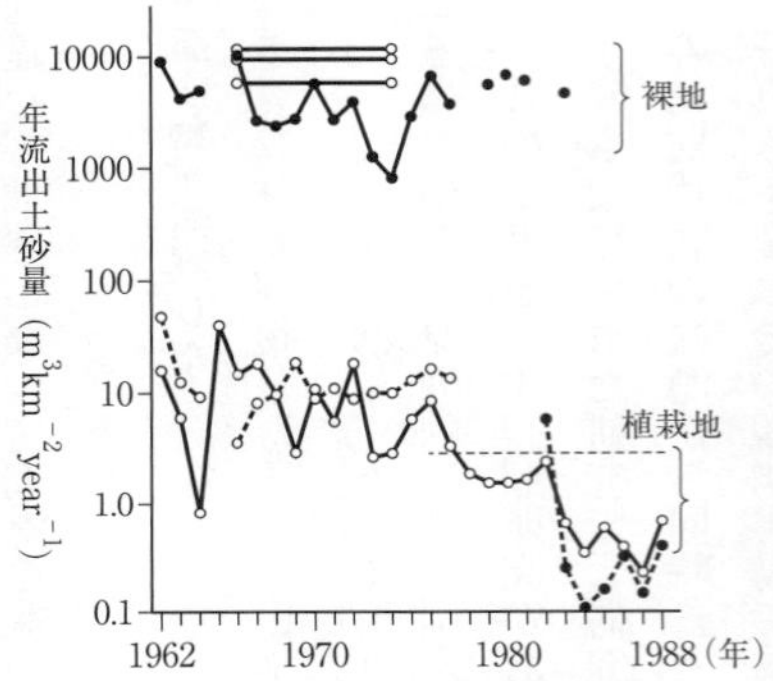

図 5-8　田上山の流出土砂量比較
（鈴木雅一〔1994〕より）

写真 5-2　田上山観測現場
（提供：鈴木雅一氏）

なると、植栽区は裸地区の一万分の一以下、実量で一年間に一平方キロメートルあたりたったの風呂桶二、三杯分、一立方メートル程度しか出ないことである。これはすなわち、健全な森林では表面侵食はまったく起こらないことを示している。

現実の山腹斜面でも、ある程度の落葉落枝《らくようらくし》の集積や下草の成長があれば、わずかな未熟土の生成だけでも雨水を地中に浸透させることはできるので、表面侵食はほぼ防げる。したがって、今では間伐遅れのヒノキ林内と一部シカの食害地を除けば、沖縄県のパイナップル畑か高原のキャベツ畑でしか表面侵食は見られない。襟裳岬での治山緑化事業の成功によって沿岸の水産業が回復した話は有名であるが、そのおもな理由は、かつて襟裳〝砂漠〟とまで言われていたほど、北海道でさえ森がなくなっていたために起こっていた表面侵食がなくなり、土砂が沿岸海域へ流出しなくなったためであると私は考えている。

また、森林が劣化していただけでなく、乱暴な伐採や開発によって地表が乱されて荒れていたために全国の河川やダムで起こっていた濁水《だくすい》の問題も今ではかなり解消されてきている。

表層崩壊も減少、しかし消滅せず

表層崩壊も減少している。繰り返しになるが、いわゆる山崩れには樹木の根が存在する範囲の表層土層（風化土壌層）が崩壊する表層崩壊と、もっと厚い堆積層や深い岩盤の中にすべり面をもつ深層崩壊があり、森林は表層崩壊を防止する機能をもつが、深層崩壊の防止にはほとんど無力である。しかしながら、これまで示してきた図や写真からわかるように、かつては「豪雨によって発生する山崩れの九九％は実は表層崩壊である」と言って良かった。こうした実態からすると「森林は山崩れを防ぐ」と言うことができた。

現在も毎年何百カ所もの山腹崩壊、がけ崩れ、土砂崩れ、そして深層崩壊なるものが発生し、多くの犠牲者を出してはいるが、以前は崩壊箇所数も犠牲者数も桁《けた》違いに多かったのである。たとえば、自然災害による犠牲者のうち、土砂災害犠牲者数の戦後の推移を見ると、図5－9のように激減している（近年の死者をともなう土砂災害の原因の大部分は土石流であることはすでに述べた）。崩壊箇所数の推移については長期間のデータは持ち合わせていないが、国土交通省調べによるがけ崩れ・地すべりの発生件数は過去二十年間ほどは平均八百件程度であり、さらに古い断片的なデータから推定すると犠牲者数の減少率ほどではないものの、確実に減少していると推定される（森林

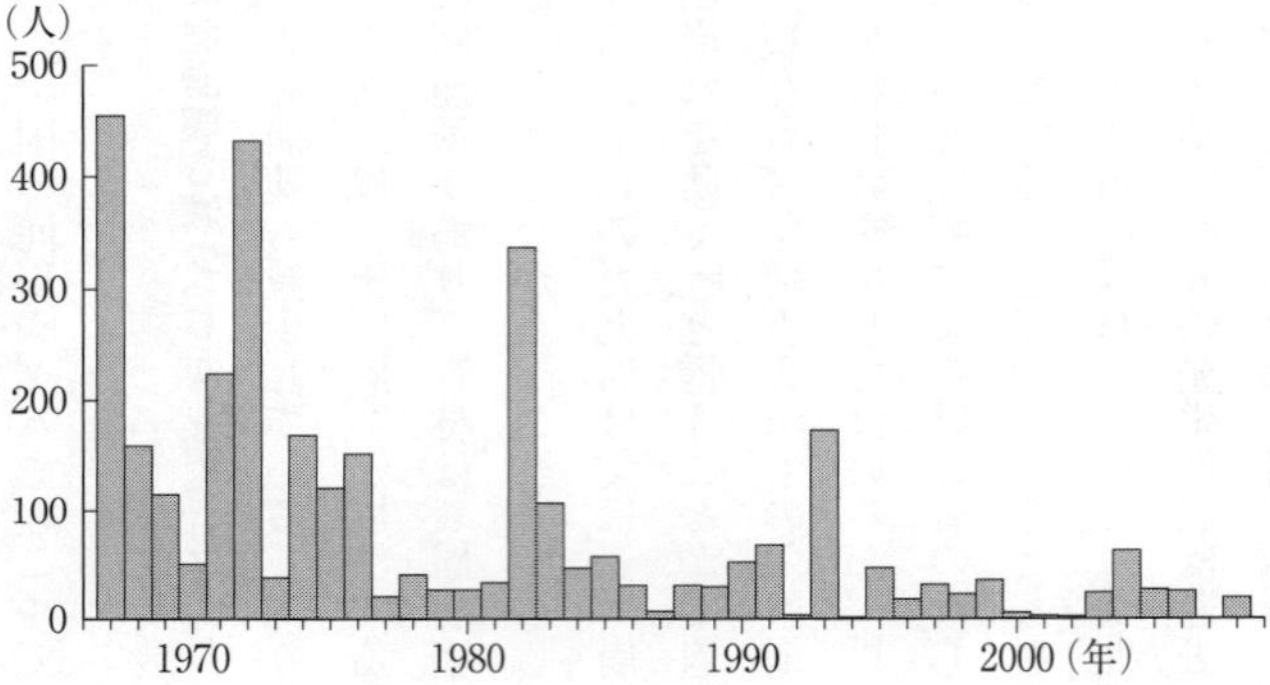

図5-9　土砂災害犠牲者数の推移（砂防・地すべり技術センター『土砂災害の実態』より）

の回復と実際の表層崩壊発生との関係の解析は試みられてはいるものの、解析対象地域で過去と同様の降雨条件を得ることは難しく、直接的な解析は必ずしも成功していない）。

実際に近年発生した山崩れをともなう豪雨災害のうち、表層崩壊の起こりやすい花崗岩類の山地の例として広島県庄原《しょうばら》市の例を写真5－3、5－4に示す。写真5－3には表層崩壊が多数見えるが、それらは写真5－4のような幼齢林で発生しており、その周辺の壮齢林と思われる部分ではほとんど発生していない。このような例はいくらでも見られる。したがって、このような観察からも表層崩壊の減少は確実に進んでいるものと判断している。

もちろん、地形が急峻で地質がもろく雨の多い日本の山地では今後も表層崩壊は確実に起こる。改めて図5－3を見ると、樹木が成長していても崩壊はなくなってはいない。それればかりか、林齢が六十年を超えるとむしろやや増加する傾向も読み取れる。これは樹木の成長とともに基盤岩の風化作用が進み、地表には腐植や斜面上部からの落下物の集積もあって全体として風化土壌層が厚みを増すため、表層土に対する重力の作用が増加して崩れやすくなるためである。

しかしながら森林が劣化・荒廃していた時代に比べれば、表面侵食ほど明確ではないものの、表層崩壊も明らかに減少していると結論できる。その結果、表層崩壊起源の土石流も減少しているはずである。ただし、土石流の減少を直接証明することは表層崩壊の減少を証明することよりさらに難しい。何しろ一九六〇年代まで土石流は〝まぼろしの土石流〟と言われていたほどその実態その

写真 5-3　広島県庄原市の豪雨災害①

写真 5-4　広島県庄原市の豪雨災害②
（提供：①、②とも土木研究所）

ものが明らかではなかったからである。

荒廃の時代は終わった

ところで、表面侵食が消滅し、表層崩壊も減少したということは、山地からの流出土砂量を減少させたことを意味する。換言すれば熊沢蕃山《ばんざん》の治山治水思想に始まり、「治水上砂防」をかかげた砂防事業が加わり、さらに治山事業も加わって発展してきた〝山地での〟治水事業が成果を上げたことを示している。その結果は、これまで上流からの激しい土砂流入によって起こっていた下流河川での河床上昇を解消させて、洪水氾濫の防止という平地での治水事業にも貢献していると言える。

こうして、昭和時代後期から平成時代にかけての、治山・砂防事業で植栽した森林をふくめての森林の成長は、森林の山地災害防止機能を向上させて山地の土砂災害を軽減させたばかりでなく、下流の洪水氾濫を軽減させて国土保全を向上させることに成功したといえる。

そしてその成果は治山・治水行政を大きく転換させることとなった。すなわち、図5-10に示すように、直接的には第二次世界大戦後の国土の荒廃への対応として一九六〇年に制定され、国土交通省の河川事業や砂防事業、林野庁の治山事業を統合的に推進してきた治山・治水緊急措置法や、一九五四年に制定され途切れることなく延長されてきた保安林整備臨時措置法が、ともに二〇〇四年をもって廃止されたのである。以後、治山事業計画は森林整備保全事業計画として実施されている。

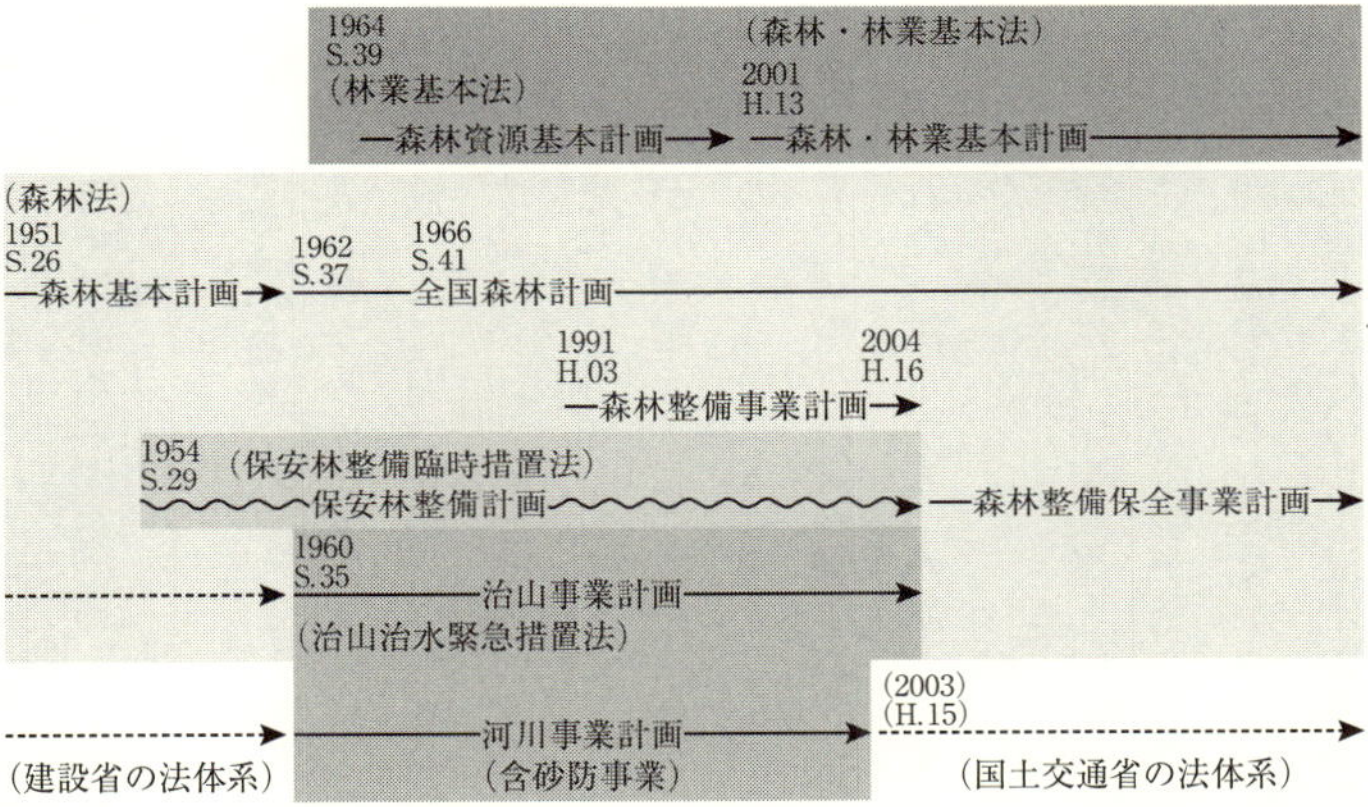

図 5-10　戦後の治山・治水事業計画等の制度の変遷（太田猛彦〔2006〕）

中でも、治山・治水緊急措置法の廃止は歴史的に見てもきわめて画期的なことである。一八九六年及び翌年に相次いで成立した治水三法の目的が百年あまりを経てここに達成されたことを示しているからである。さらに歴史をさかのぼれば、稲作農耕民族の日本人がその国土で生き抜くうえでの必然の結果であったと思われる山地・森林の荒廃、それによって引き起こされた土砂災害や洪水氾濫が、少なくとも三百年を経てここに克服されたと断言してもよい。治山・治水事業はここに新しい局面に入ったのである（太田猛彦〔二〇〇六〕）。

しかしながら、山地からの土砂流出量の減少による下流河川や沿岸海域への土砂供給量の減少は、洪水氾濫の軽減とは別のもっと大きな影響を日本の国土環境に及ぼし始めた。それについてはのちに節を改めて検討する。

ところで、治山・砂防面においても新たな課題が浮かび上がっている。それは流木の増加と、深層崩壊の浮上である。後者については次節で取り上げるが、ここでは流木の問題について触れておくことにする。

流木は木が増えた証拠

近年、人工林から流出する流木による災害が問題になっている。豪雨の際、大量の樹木が河川に流出し、橋げたに引っかかって洪水の疎通を妨げて氾濫を助長したり、土石流に混じって破壊力を強めたりするほか、ダム湖や堰《せき》に大量に流れ着いたり、果ては海にまで流出して水産施設に被害を与えることなどが報道されている。

洪水流が引き起こす流木被害は昔からあった。私自身も何度も見聞きしている。それが最近増加しているのであるが、実は考えてみれば当然の話である。なぜなら、かつての山地荒廃の根本原因は森林バイオマスの過剰利用によるものであったのだから、里山だけでなく河岸や渓岸の木や草も当然使われた。洪水が去ったあとの河原に残った流木や切り株はすべて拾い集めて燃料などに利用されていた。

流木の発生源は河岸や渓岸と山腹の斜面であるが、そもそもはげ山や森林が劣化して灌木しか生えていない山では表層崩壊が発生しても大量の流木が流出してくるはずがないし、洪水流が河岸や渓岸から押し流す流木も少なかった。それでも流木は発生していた。

森林が成長し、はげ山や灌木のみの山が見あたらない今では、どんな小さな崩壊でもかなりの量の流木を押し出す。河岸や渓岸で成長している樹木も流出してくる。考えてみれば、流木が多くなるのは当然である（はげ山から流木は出ない！）。あえて言えば、流木の増加は日本の森林が成長している証である。日本のすべての地域で植生が回復し、成長している証拠なのである。

しかし、私も関係した最近のダム流入物質の調査によると、灌木や竹類、草本の流入も比較的多く、高木については、調査したダムの上流に天然林（自然林）が多い場合は天然林、人工林が多い場合は人工林からの流木が多いという結果が出た。また、豪雨のあとにダムに流れ込む流木などの全国調査でも、流出してくる広葉樹と針葉樹の割合は上流の自然林面積と人工林面積の割合と一致していた。森林がかかわる問題は何でもスギ・ヒノキの人工林にその原因を押しつける風潮がないとはいえないが、流木問題でも同様である。実際は広葉樹林からも相当な量が流出しているのだ。崩壊地もないのに伐り捨て間伐された林木が流出してくるといった例はほとんどない。

このような状況をふまえたうえで、一方で流木が下流での被害を増幅しているのは事実である。したがって、流木災害の防止対策をより強化せねばならないことは言うまでもない。

三　深層崩壊

専門用語が定着した

二〇一一年は、巨大津波や原子力発電所の事故を引き起こした東北地方太平洋沖地震の年として人々の記憶に残る年となった。一方で、紀伊半島では深層崩壊が多発した年としても長く記憶されることだろう。

すなわち、紀伊半島南部の広範囲に六日間で千二百ミリメートル以上の豪雨をもたらした台風十二号は、十津川流域を中心に三十あまりの深層崩壊を引き起こし、流出土砂の一部が河道を塞いで十七もの天然ダム（土砂ダム）を発生させた（写真5－5、5－6）。天然ダムのいくつかはその後のさらなる決壊が心配されたが、幸い大事にはいたらなかった。天然ダムは二〇〇八年の岩手・宮城内陸地震でも発生し、このときも話題になったが、二〇一一年の台風十二号で注目されたのは深層崩壊で、多くの日本人にとって深層崩壊という言葉が災害用語として定着することになった。しかし、この言葉が世に出た最初は、その前年（二〇一〇年）のNHKスペシャル「深層崩壊が日本を襲う」であったと記憶している。人々は「深層崩壊」という〝新しい言葉〟に、何か新しい事実が判明したらしいと思ったことだろう。

すでに前節で説明したように、深層崩壊という用語は表層崩壊の対語として早くから学会などでは用いられていたが、行政用語としては使われていなかった。戦後の土砂災害対策のおもな対象は、表層崩壊と地すべりと土石流だったからである。行政用語としては、がけ崩れ、（山腹）崩壊、地すべり、表面侵食などが使われた。深層崩壊に対しては前述のように、大規模崩壊とか巨大崩壊という言葉が使われていた。

この深層崩壊という言葉がにわかに注目された原因は、明らかに、前節で示した山地の環境変化による土砂災害の様態の変化であり、具体的には森林の成長・回復による表層崩壊の減少である。半世紀ほど前まで、総降雨量が三、四百ミリメートルを超えるような豪雨があると、表層崩壊が数千カ所、あるいは一万カ所以上発生していた。現在は、八百ないし千ミリメートルの降雨でも山崩れは数百カ所程度しか発生していない。森林はそれが針葉樹であろうと広葉樹であろうと、林齢が

写真5-5　十津川流域の深層崩壊による天然ダム。手前から流れる川が、崩れた土砂によってせき止められている

写真5-6　十津川流域の深層崩壊の様子。崩れた土砂が川筋を流下し、民家があるところまで及んでいる（提供：アジア航測）

表5-1　崩壊現象の分類（太田猛彦〔1993〕）

（イ）	表層崩壊（小規模崩壊）
（ロ）	深層崩壊（中・大規模崩壊）
	（a）　基盤岩崩壊
	（b）　堆積物の崩壊
	（c）　地すべり・地すべり性崩壊
（ハ）	山体崩壊（巨大崩壊）

（注）崩壊現象をおもに防災対策面から分類した。森林の侵食防止効果を説明するため、表層崩壊を特別視した。地すべりは防災対策面から特別視されている。山体崩壊は眉山崩壊、稗田山崩壊などをイメージして別扱いとした。

二十年を超えれば表層崩壊をほぼ食い止めることができるからである。

深層崩壊をもう少し詳しく分類すると、前節でおもな土砂災害を紹介した際に示したように、厚い堆積層の崩壊、段丘崖《だんきゅうがい》（河岸段丘などで、上の段丘と下の段丘・平野との境目にある崖）などの崩壊、基盤岩の内部からの崩壊などがあるが、私は崩壊現象全体を表5－1のように分類している（太田猛彦〔一九九三〕）。この表では深層崩壊を基盤岩の崩壊、堆積物の崩壊、地すべり・地すべり性崩壊に三区分しているほか、深層崩壊（中・大規模崩壊）とは別に山体崩壊（巨大崩壊）を区別して取り扱った。現在の深層崩壊は地すべり・地すべり性崩壊を別扱いし、山体崩壊をふくめたものとして定義されている。しかし私は、長崎県島原《しまばら》半島の眉《まゆ》山の崩壊、長野県北部の稗田《ひえだ》山の崩壊など、山体の一部が消滅してしまうような崩壊も別扱いすべきと思っている。

深層崩壊の典型的なものは急峻《きゅうしゅん》な山地で発生する基盤岩の崩壊であろう。この種の深層崩壊は強い地震の際も発生するが、豪雨によって発生するものは、①大量の雨が岩盤深くまで浸透する岩質、②ほぼ①と重なるが、岩盤深くまでもろく崩れやすくなっている岩質、③その下部には水を通さない比較的硬い岩層が存在する、などの地質条件のところに、④大量の雨が供給され地下水が岩盤の中にたまっていくことによって、その間隙水圧に耐え切れなくなって発生する。崩壊土砂量は十万立方メートル以上、中には一千万立方メートル以上のものもある。大規模なものの中には、土砂が崩れることなく、樹木が立ったまま小山が移動するように斜面をすべり落ちるものもあり、これは「流れ山」と呼ばれる。

一方、最近増加しているように見える深層崩壊だが、実は昔も今も同様の確率で発生している。深層崩壊は森林の状態にかかわりなく発生するものであるから当然である。豪雨によって発生する山崩れの九九％は表層崩壊であると述べたように、かつては表層崩壊があまりにも多かったため、目立たなかったにすぎない。山崩れと言えば表層崩壊であり、数個の表層崩壊で発生した土砂が集まって下流へ流出するのが土石流であった。現在は逆に、まれに発生するはずの深層崩壊が目立つほど、表層崩壊が減少したのであり、これは流木災害の場合と同様、日本の森林が成長・回復した証ということができる。

しかしながら以上の話は「降雨条件が変わらないとすれば」という条件つきの話である。現在は豪雨そのものが増加する傾向にある。したがって、深層崩壊の絶対数が増えている可能性はあるが、確かめるほどのデータはまだ得られていない。

対策はあるのか

深層崩壊は、大規模崩壊と言われてきたように、いったん発生するとその崩壊土砂量は非常に多く、大規模な土石流となる場合も多いので、その付近や下流側に民家などがあれば被害は甚大なものになる。実際に一九九七年に鹿児島県出水《いずみ》市針原《はりはら》川で発生した崩壊土砂量十六万立方メートルの深層崩壊は、降雨（四日間で六百十三ミリメートル）のピークよりも六時間以上もあとに発生し、土石流となって五万立方メートルが砂防ダムに捕捉されたが、これをあふれた分が集落内に流入し、二十一名の犠牲者を出した。一方で森林の成長や治山事業、砂防事業の効果が発揮されて表層崩壊が減少してきたため、国土の安全性をさらに向上させるための土砂災害対策として深層崩壊対策が重要な課題となってきたという事情がうかがえる。行政が深層崩壊に注目し、マスコミがそれを取り上げた理由はここにある。

深層崩壊の発生場所を具体的に予測することはかなり難しく、ハザードマップの作成も困難である。私の参加した大規模崩壊に関する委員会の調査によると、豪雨によって発生するものは圧倒的に古第三紀より古い時代にできた堆積岩と変成岩の山地に多い。この地域は断層や破砕帯と呼ばれる割れ目の多い地層、あるいは変成・変質を受けた地層が多い。ほかにも火山岩や深成岩の地域にそれぞれ五％程度発生していた。一方地震によるものは、新第三紀より新しい時代にできた堆積岩の地域と火山岩の地域にほぼ同程度発生していた。崩壊の分布を図5－11に示す。中国地方で発生が少ないのは、崩壊が起きにくい深成岩系の地質が多いからであり、逆に紀伊半島や四国、九州の中部で発生が多いのは、古い堆積岩や変成岩の地質が多いためである。

深層崩壊は崩壊土砂量が大きいため、通常の治山ダム・砂防ダムなどでは完全に防ぐことができない。そのため警戒・避難が不可欠であるが、具体的場所の特定が難しいうえに、発生メカニズムからわかるように、岩盤中に水が大量に貯留するまでには時間を要するため、発生時刻が降雨のピークより遅れることが多い。そのため降雨中のみでなく降雨後に発生するケースも見られ、警戒避難が難しい。雨がやんだからといって油断はできない。

図 5-11　深層崩壊推定頻度マップ（提供：土木研究所）

　したがって、極端に雨量が多くなったときは常に山の状態に気を配り、通常経験しない音を聞いたり、においを感じたりしたとき、あるいは湧き水の異常や小崩壊などを発見したときは安全な場所に避難し、雨が小降りになっても様子を見続ける必要がある。

渓岸や河岸で深層崩壊（地すべり性のものもふくめて）が発生すると崩壊土砂が谷をせき止め、天然ダムができる。ダムができるほどの土砂量がない場合でも、崩壊土砂に勢いがあれば土砂は対岸に乗り上げる。水量が多い河川に土砂が流入する場合は（ダムができない場合でも）流水を押しのけることにより段波《だんぱ》と呼ばれる小型の津波のような波が発生する。二〇一一年の台風十二号による深層崩壊での犠牲者の一部はこの段波の被災によるものであった。

天然ダムは地震による深層崩壊でもできる。最近では岩手・宮城内陸地震（二〇〇八年）、新潟県中越地震（二〇〇四年）の際に発生した。豪雨による深層崩壊で発生した最近の事例としては、二〇〇五年の宮崎県耳川の例があるほか、一八八九年の十津川災害では多数の天然ダムができたことで有名である。

天然ダムによって出現した堰止め湖の水量が増すとダムが決壊し、土石流となって流下し、二次災害を引き起こすことがある。十津川災害ではそのために多くの命が奪われた。天然ダムの堰止め湖で決壊の恐れがあるところでは、ポンプや仮排水路を早急に整備して人工的に排水し、決壊を防ぐ必要がある。

四　水資源の減少

二十世紀後半以降の日本の森林の全体的な成長・回復は、水の循環にも大きな影響を及ぼしている。すでにいわゆる森林の水源涵養機能はおおむね発揮されていると考えてよい。しかしその効果は土壌保全機能や土砂災害防止機能の発揮ほど明確ではないので、河川流量への影響をめぐって二〇〇〇年代に「緑のダム」論争があった。

一般に現実の河川流量に影響する因子は数え上げればきりがないほど多く、森林の状態に関係する因子はその一部に過ぎない。また、論争の対象となるような規模の流域では、実質的な管理の対象となりうる森林は流域の上流部の一部に存在するのが普通であるから、とくに下流部ではその影響はきわめて限定的である。そのため、森林の影響のみを精密に評価することはきわめて難しい。

したがって、森林の水源涵養機能を評価することを主要な目的として発達してきた森林水文学《すいもんがく》では、水文学及び関連する諸科学の知見や観測データを駆使して、科学的推論によってできる限り確からしい評価を下そうと努力してきた。その結果、細部についてはまだ研究の余地を残してはいるものの大枠の評価は固まってきた。端的に言えば、山地・森林が荒廃していた時代と比較して、洪水を緩和し、水資源を守り育てるという機能はおおむね達成されたが、一方で、たとえば年間流出量や年最小流量のような河川流量は減少する方向へ向かっている。しかし、実際の河川流量はダムでの貯留や各種の取水の影響のほうがはるかに大きく、下流河川への森林の影響は実感できる程度にはないと言える。

流出を遅らせる力

森林の水源涵養機能は江戸時代の儒学者たちによって「治山治水」が叫ばれて以来、人々にもっともよく知られた森林の機能の一つであり、いわゆる森林の「公益的機能」の中心に位置づけられてきた。水源涵養機能は通常、①洪水を緩和する機能、②水資源を貯留する機能、③水質を浄化する機能の、三つのサブ機能に分けて説明されている。

①は、森林が洪水の最大流量(洪水流出ハイドログラフのピーク流量、後述)を減少させ、下流での洪水の氾濫を起こりにくくするはたらきをいう。

②は、①のはたらきを水資源の面から評価するもので、洪水時に無駄に海に流出してしまう雨水をゆっくり流出させることによってダムなどにためることができるようになり、同時に地下水を涵養する期間を増やして、私たちが河川水や地下水を利用する機会を多くするはたらきである。①②の両方をあわせて森林の流量調節作用、あるいは流量平準化作用ともいう。

また③は、森林土壌の濾過《ろか》作用及び吸着作用、地下水が渓流に湧出するときの脱窒作用(水中の窒素が大気中に放出されること)、岩石の風化などにより、不純物をふくんだ雨水をきれいな水に変えたり、酸性の雨水を中性にしたり、あるいはミネラルをふくむおいしい水にしたりするはたらきである。

このほか、かつては②の代わりに、森林には渇水緩和機能(雨水をゆっくり流出させて渇水流量〔後述〕を増加させる機能)があるといわれてきたが、森林水文学の研究が進んで、厳密には「森林が渇水を緩和する」とは言えないことがわかってきた。

それでは森林はどのようにしてこれらの水源涵養機能を発揮させるかを見てみよう。結論を先に言うと、「健全な森林土壌」が地表に届いた雨水をすべて地中に浸透させ、地中を通ってゆっくりと渓流や河川に流出させること（流出遅延作用）により、①―③の機能を同時に発揮させている。これは森林に自然に備わっているはたらきであるが、「健全な森林土壌」がないと雨水は地表流となってそのまま渓流や河川に流入する。豪雨の際はこの地表流がいっせいに集まって洪水を引き起こすのである。

ところで、通常、森林土壌にはスポンジのように多くの穴があいており、雨水を大量にふくむことができる……といわれる。確かに、森林土壌には隙間（孔隙）が多く、その透水性（水の通しやすさ）を実験室で測ると、どんな大雨でも浸み込ませることができる値を示す。しかし、表面侵食の説明（本章の二）で述べたように、地表に落葉や下草のない斜面では少し強い雨が降ると例の雨撃層によって雨水の地中への浸透が阻まれて、地表流（ホートン地表流という）が発生する。

このとき、土壌の表面に落葉や下草があれば、それらが雨滴の衝撃から土壌の表面を保護し、雨撃層をつくらせない。その結果、雨水は土壌に浸透し続けることができる。つまり、森林土壌が雨水を浸透させ続けるには、①スポンジのように隙間が多い土壌であることと、②その土壌が落葉や下草によって覆われていることの、両方の条件がそろっていなければならない。したがって、落葉や枯れ枝の層（A_0層といわれる）あるいは下草で覆われた森林土壌のことをあえて「健全な森林土

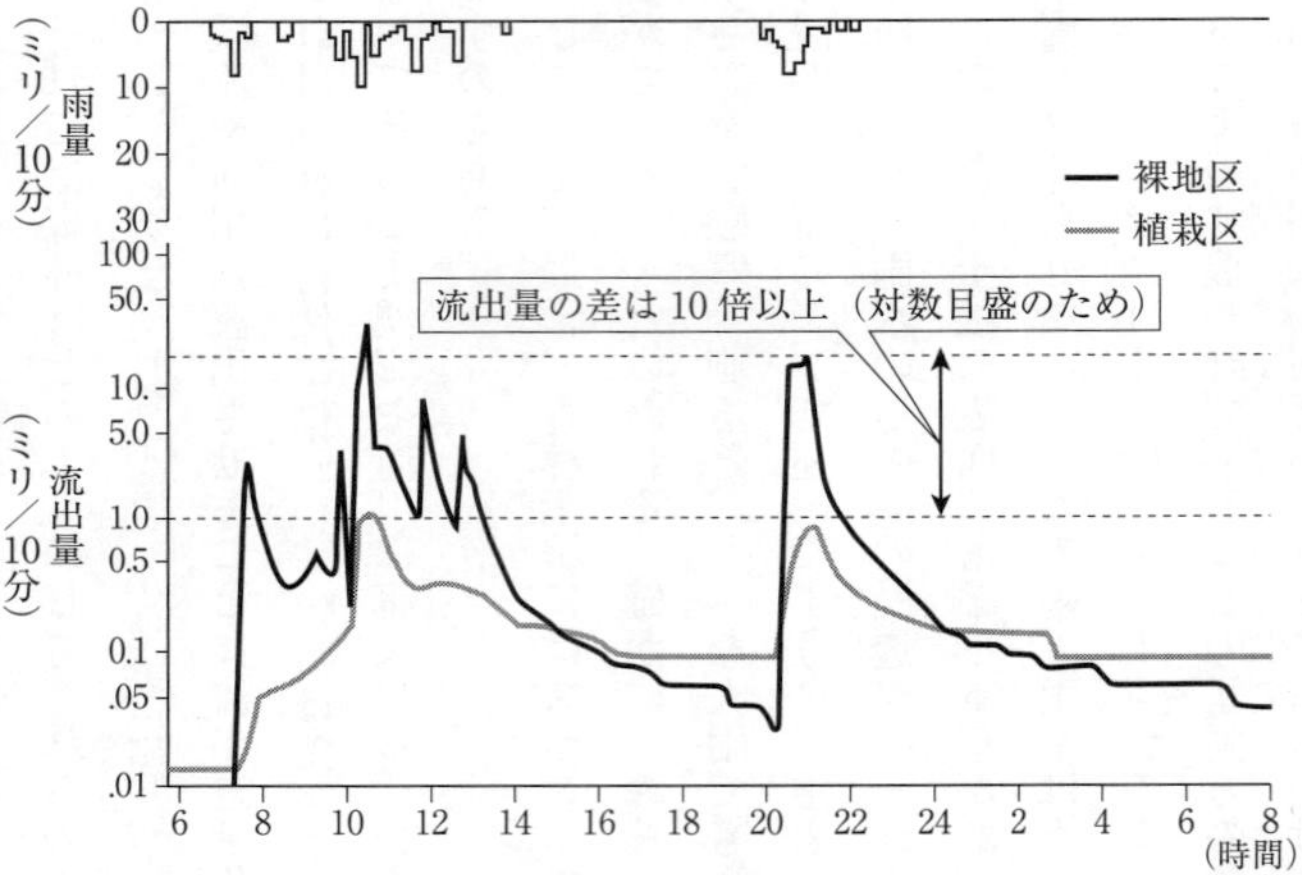

図5-12　裸地と植栽地のハイドログラフ（福嶌義宏〔1977〕より）

壌」と呼ぶのである。

次に「健全な森林土壌」があって雨水を地中に浸透させ続ければ本当に水源涵養機能は発揮されるのだろうか。その疑問を解消する重要な観測結果がある。それは、前節で紹介した滋賀県田上山での森林の表面侵食防止機能を評価したあの観測現場（写真5－2）での、地表流の流量観測から得られたものである。

図5－12は、同一降雨に対する裸地区と植栽区からの流出ハイドログラフ（後述）を比較したものである。植栽区からの流出は、立ち上がり・減水部ともに緩やかで、ピーク時の流出量も少なくなっている。これに対して裸地区からの流出の場合は、地上の樹冠も森林土壌も存在しないため、降雨は短時間に大量に流出し、降雨の強弱に比較的忠実に対応した波形を示している。

しかしこの植栽区は樹木はあるものの植栽した

ばかりで、まだ森林土壌は発達していなかったことを思い出して欲しい。それなのになぜこのような差が出たのであろうか。その答えもすでに説明されている。つまり、植栽するために斜面に階段が設けられており、降雨はすべて地中に浸透していたのである。雨水を地中に浸透させれば流出はきわめて緩やかになる。つまり森林が雨水を地中に浸透させる作用が重要で、この役割を通常の斜面では「健全な森林土壌」が担っているのである。

このことは、森林が伐採されても健全な森林土壌が維持されている限り水源涵養機能は発揮されることを意味する。逆に、斜面が森林に覆われていても、林床に落葉や下草が存在しなければ地表流が発生し、洪水が起こるほか、表面侵食も発生する。事実、間伐が遅れたヒノキの林や下草をシカに食い荒らされた広葉樹林内では地表流の発生が見られる。

天然林志向を問う

以上を総合すると、〝落葉や下草つきの〟「健全な森林土壌」を維持すれば、それが雨水をすべて地中に浸透させ、水源涵養機能は発揮されることになる。言い方を変えれば、森林の「地下部」が水源涵養機能を発揮しているということである。

「スギやヒノキの人工林より、ブナなどの天然林のほうが水源涵養機能は高い」というのも、よく聞く話である。確かに、水源涵養機能の全体を考えれば、多少は落葉広葉樹の天然林のほうが良い。しかし、それはおもに広葉樹林のほうが針葉樹林より水を使わないためである（あまり変わらないという報告もある)。健全な森林土壌を維持すれば、雨水を浸透させるはたらきはほとんど変わらない。

詳しく言えば、落葉広葉樹林のほうがスギ・ヒノキ人工林より浸透能(地表からの水の浸み込みやすさ)が高い可能性はある。しかし、健全な森林土壌をもつスギ・ヒノキ人工林であれば、人工林であっても、もっとも強い雨でもすべて浸み込ませてしまう浸透能をもつ。仮に一時間百五十ミリの豪雨があっても、健全な森林土壌をもつ人工林も天然林もまったく同じようにすべての降雨を浸透させてしまう(たとえ一部に地表流が現れても、地面には凹凸があり草の根や虫の穴もあるので結局は浸み込んで、沢や谷まで連続した地表流にはならない)。つまり、天然林のほうがもっと大きな浸透能をもっているとしても、実際上は意味がないのである。したがって、よく管理された人工林は水源涵養機能を十分に発揮できるといえる。一般に人工林が水源林として嫌われるのは、間伐が遅れた場合や、伐採時に地表が攪乱《かくらん》された場合に健全な森林土壌が失われやすいという事実と、現代人のあまり根拠のない「天然林志向」が結びついた結果であると考えられる。

森は水を使う

森林と水と私たちの関係を理解するためには、森林土壌のはたらきを知るだけでは十分ではない。森林を水循環の中に位置づけて理解しなければならない。ここでは流域の水循環に対する森林の影響を考えてみよう。

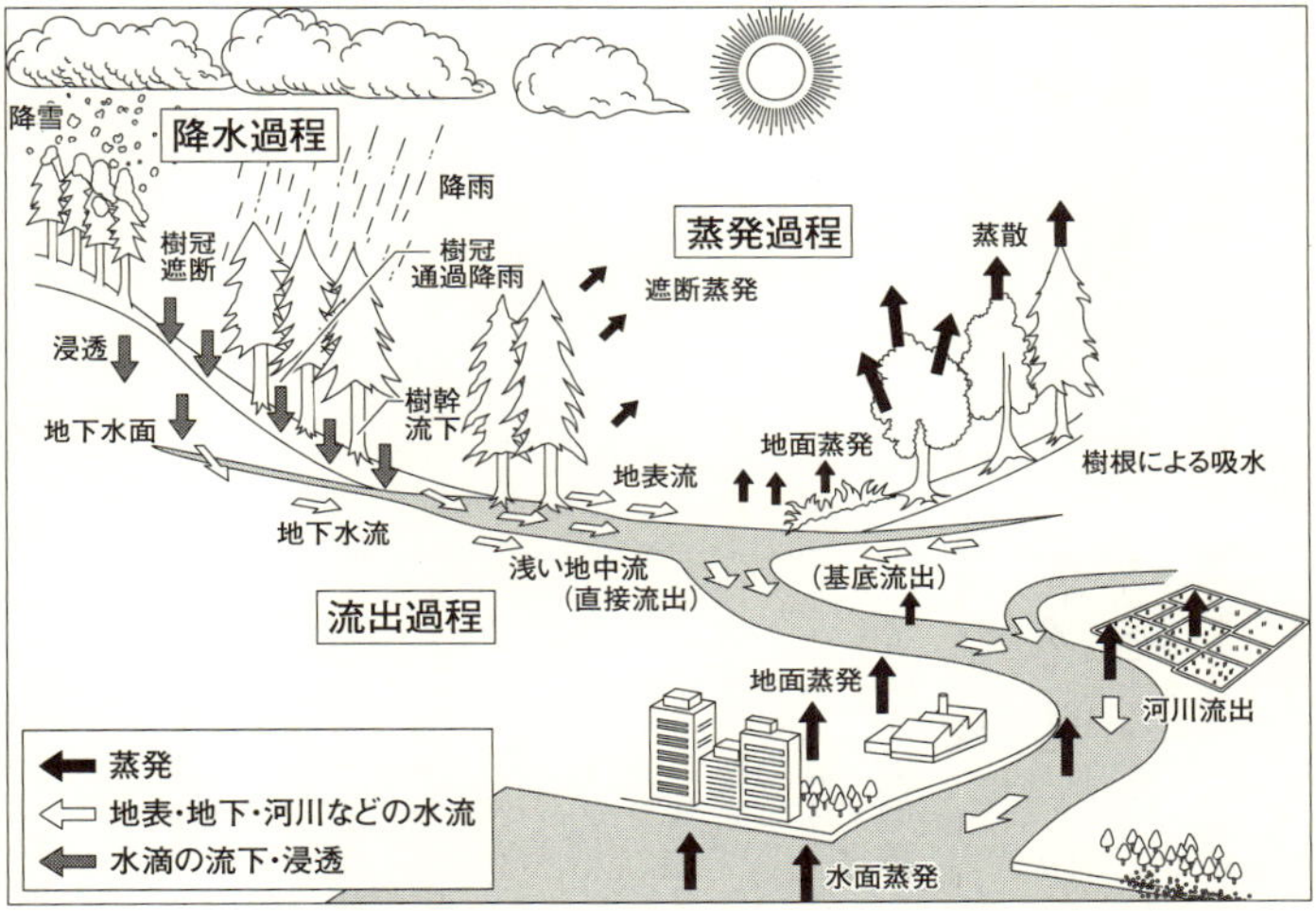

図5-13　水循環の模式図

よく知られているように、水は地上と大気中をめぐって循環しており、この全体は「水循環」と呼ばれている。いま森林と水との関係を考えるにあたり、水循環を①雨や雪が地表面に到達するまでの降水過程、②その水が地表や地中を通って渓流や河川に流出し、最終的に海まで流れ出す流出過程、③水面や地表面から大気中に戻る蒸発過程に分けて森林の影響を考えてみる（図5－13）。

①の降水過程における森林の影響は「樹冠《じゅかん》遮断《しゃだん》」があるということである。森林がなければ雨や雪は直接地表に到達する。一方、森林に雨が降ると、その大部分は葉や枝にあたり、そこからしたたり落ちる。これを樹冠遮断という。中には幹をつたって地表に流下するもの（樹幹流下《りゅうか》）もある。この過程で雨水の一部は枝葉や幹にとどまったあと、地表に

到達することなく蒸発してしまうため、雨水の全量が地表に届くわけではない。小雨の場合はほとんどの雨が地表に到達せず（木の下で雨宿りができるのはこのためである）、雨がやむとそれらは蒸発してしまい、これは水循環に影響する。つまり、森林は雨の一部を地表に届かなくしてしまうのである。ほかにも、樹冠から滴《したた》り落ちた雨水の雨粒が大きくなったり、葉の表面に付着している物質を溶かし込んだりして雨水の性質を変えてしまう作用もある。

流出過程での森林の影響はすでに述べた。要約すると、裸地と比較すると、森林は雨水を地表流にせず、「地中流」に変えてゆっくりと渓流に流出させるということである。中には深い地下水となって何カ月もかけて渓流に流出するものもある。その途中で雨水の化学的性質も変わる。たいていの場合、ミネラルが添加されておいしい水になる。

一方、水が蒸発する現象は川や湖や海などの水面だけでなく地表面でも起こるが、地表面に森林があるとき、森林からの蒸発は二つの方式で行われる。一つは樹冠遮断された水の蒸発（遮断蒸発）であり、もう一つは樹木の蒸散《じょうさん》作用である。蒸散は、樹木が光合成によってデンプンなどの有機物を合成するときに起こる水の蒸発現象である。光合成を行うとき、樹木は地中に張りめぐらされた根から水を吸い上げて光合成に使うと同時に、葉面に分布する気孔から大量の水を蒸発させる。有機物の合成は樹木の成長を意味するから、樹木が成長するためには蒸散が不可避であり、その樹木が存在すれば遮断蒸発も必ず起こる。その結果、蒸発過程での森林の影響は、降水過程での樹幹遮断の影響もあって、裸地よりも多くの水を蒸発させることである。

このように森林は遮断蒸発と蒸散の両方で水を使うこと、しかも、どちらにしても樹冠すなわち森林の地上部によって水が使われることがわかった。考えてみれば地球上で水のないところに森林はない。水が多いほど森林はよく成長し、樹高も高くなる。気温が高い熱帯でいえば、半砂漠よりサバンナ、サバンナより季節林、季節林より熱帯雨林のほうが森林は豊かである。

こうして森林は水を使うらしいことがわかったが、実際にどれだけの水を使っているかは、森林から出てくる渓流の水を測定しないとわからない。それだけでなく、測定する前に渓流や河川を流れる水の性質（川の流量の性質）を理解することも必要になる。

同じ雨は二度と降らない

ここで、水文学の基礎について述べておきたい。

一般に河川の上流部、山間地を流れる小河川を渓流というが、ここでは渓流もふくめて河川または川という言葉で説明する。河川において、ある地点での流量（単位時間に通過する水の量。一日や一年間に通過する量の場合は流出量という）は、詳しく観察すれば時々刻々変化している。この時間的変化をグラフに表したものをハイドログラフ（流量図）という。また、ある地点での流量を形成する上流の地域を「流域」という。つまりハイドログラフは、流域に降った雨がある地点にどのように流出してくるのかを示している。

流域にひとまとまりの雨が降ると、やがてハイドログラフは上昇し始め、ピーク（最大流量）を

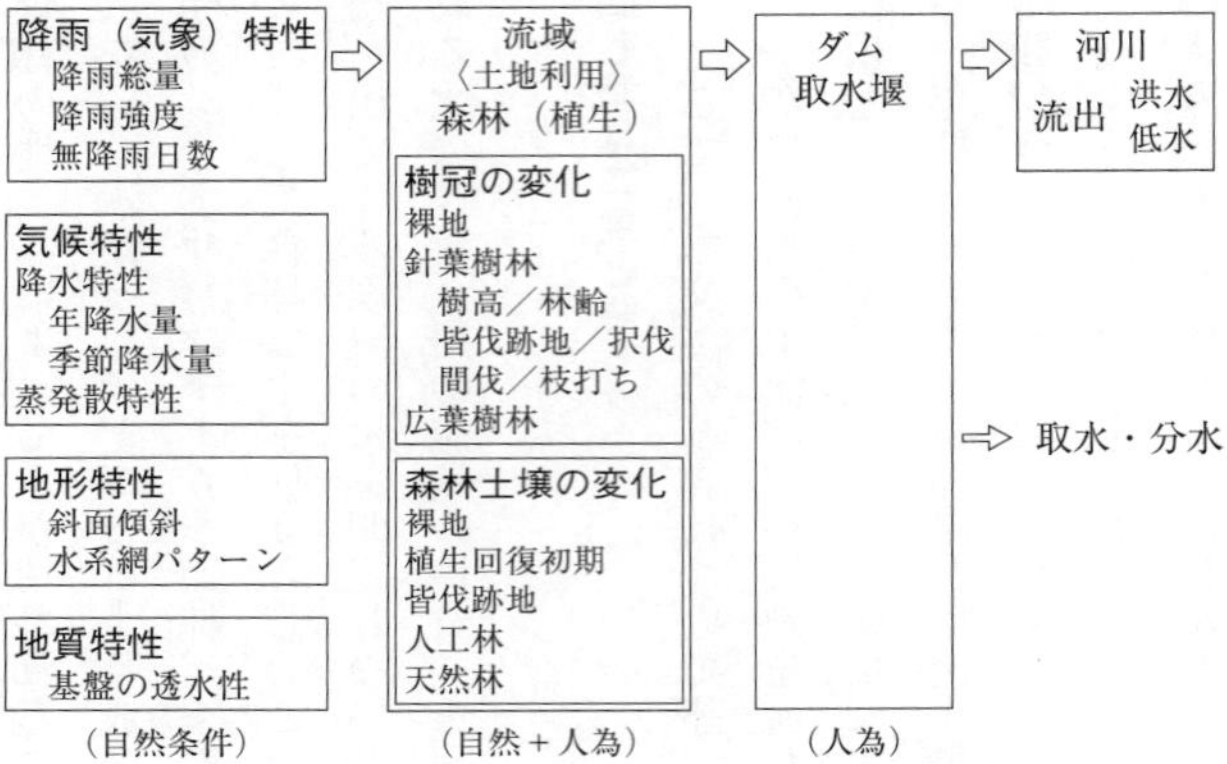

図 5-14　降雨・流水過程に関する因子

形成し、ゆっくりと下降し、徐々に降る前の普段の流量に戻っていく。雨の降らない日が続くと、普段の流量も少しずつ減少していく（ひとまとまりの降雨に対応して山型のハイドログラフを示す流出を直接流出、普段の流出を基底流出という）。

　ある流域での流出の特徴、すなわちハイドログラフの形を決める要因（河川流量に影響する因子）は非常に多い（図5－14）。直接的には雨の降り方（降雨のパターン：雨の降り方の時間的変化のグラフはハイエトグラフと呼ばれる）で決まる。小雨のときは小さい山型、大雨のときは大きい山型のハイドログラフになる。強い雨のときは鋭いピークを示す。しかし、同じような雨が降っても、降る前に流域がどれくらい乾いていたか（雨の降らない日〔無降雨日〕が何日続いていたか）によってハイドログラフの形は異なる。しかも、降雨パターンが同じような雨はほとんど起こらない（厳密には二度と起こらない）。まして降雨パターンも流域の乾き方も同じような雨はまず再現しない。このことが水文学の研究を難しくしている一因である。

仮に同じような雨が降ったとしても、流域の性質によってハイドログラフの形は異なる。大きな流域と小さな流域、平野の流域と山間部の流域などを比べてみればすぐわかる。地質条件や気候条件によっても異なる。さらに、それらがほぼ同じでも、流域の土地利用（地表面の状態）によっても異なる。そして、森林の場合は、その管理の方法によっても異なる。

なお、河川のある地点を二十四時間に通過する流量の合計を日《にち》流出量という。日流出量を一年間合計したもの（三百六十五個の日流出量の合計）が年流出量である。いま一年間三百六十五個の日流出量を大きい順に並べて棒グラフを描いたとき、棒グラフの先端を結んだ線を「流況曲線《りゅうきょう》」という。最初の棒グラフの値が年最大日流出量、最後の棒グラフの値が年最小日流出量、最初から九十五番目、百八十五番目、二百七十五番目、三百五十五番目の日流出量をそれぞれ、豊水流量、平水流量、低水流量、渇水流量という。日本の河川は、大陸の河川と比較すると、年最大流出量と年最小流出量の差が大きい（流量の変動が激しい）ことが特徴である。なお、日流出量や年流出量をその流域面積で割ると単位はミリメートルとなって、日《にち》雨量や年降水量と比較するのに便利になる。

森を伐採して水が増える

森林で覆われた斜面から渓流へ流出する水を測定し森林のはたらきを調べる研究が、百年以上も前から行われている。森林水文試験と呼ばれる研究であるが、すでに述べたように、渓流への流出には多くの要因が影響する。その中で森林のはたらきを調べるためには森林以外の条件をそろえたうえで森林の影響のみを抽出しなければならないが、これが困難な仕事であることは前項の記述から容易に想像できるであろう。そのような状況の中でもっとも特徴的な研究方法が「対照流域法」

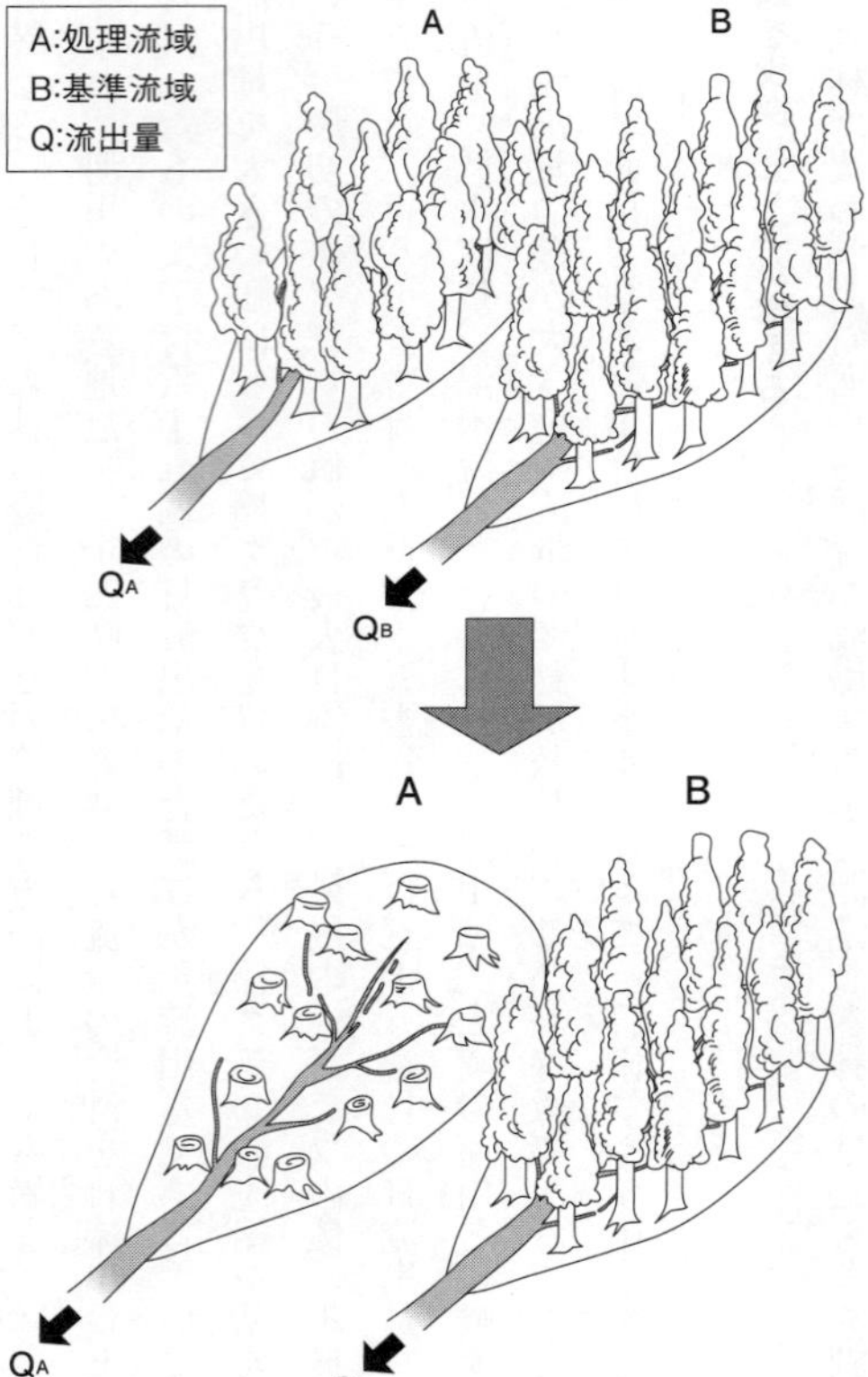

図 5-15　対照流域法

と呼ばれる研究方法である（図5－15）。
互いに近接し、流域の大きさ、地形や地質条件、森林の状態の似かよった二流域を選定し、一方を基準流域、他方を処理流域として、流出量その他の観測を数年間行う。その後、処理流域の森林の状態を変更し、その後も両流域の観測を行って、流域処理の影響を抽出するものである。このように非常に大規模で時間のかかる研究が、世界中のいろいろな場所で、すなわちいろいろな森林において続けられてきた。そして、もっとも多く行われた流域処理は森林をすべて伐採してしまう皆伐処理であった。対照流域法によって得られた研究結果を要約すると以下のようになる。

世界中どこでも、森林を伐採すると年流出量が増加する（図5－16）。森林を伐採して年流出量が減少した例は一カ所もない。しかもその増加量は意外に大きく、皆伐処理の場合、年降水量千七百ミリ（日本の年平均降水量に相当）の地域で平均四百ミリ増える。つまり、森林があったために河川の流量が減少していたということである。さらに、伐採量を半分にすると増

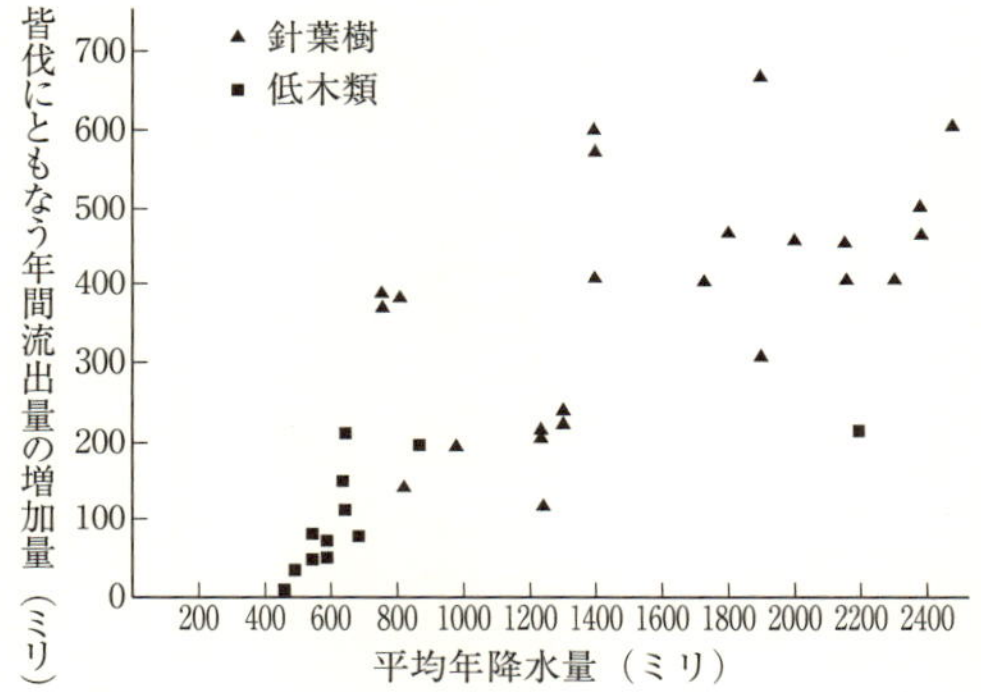

図5-16　降水量の違いによる、皆伐にともなう年流出量の増加（Bosch & Hewlett〔1982〕より）

加量も半分になる（右の例だと二百ミリになる）。つまり、取り除いた地上の樹冠の量あるいは葉の量に比例して流量が増加するのである。結局、対照流域法による試験結果は、すでに説明したように森林の樹冠が遮断蒸発と蒸散により多くの水を消費することを明確に示したといえる。

一方でほかの観測結果もふくめて針葉樹と広葉樹に分けて集計してみると、針葉樹のほうが水を多く消費していることも明確になった。針葉樹は落葉するものが少なく、葉の構造も水を貯留しやすい構造であるため、おもに樹冠遮断蒸発量が多いためと思われる。

ところで対照流域法は、このように大がかりな試験研究であるにもかかわらず、森林の洪水緩和機能を証明することはできなかった。この試験方法が始まる前は、誰もが森林を皆伐すれば洪水のピーク流量は増加し、直接流出も増大すると思っていた。しかし、結果は目に見えるほどのものではなかった。つまり、ピーク流量はさほど変わらず、したがって、森林を伐採しても洪水緩和機能は低下しなかったのである。どうしてだろうか。

その理由もすでに説明されている。すなわち、森林を伐採しても地表面を裸地化しない限り雨水はほとんど地中に浸透し、洪水緩和機能は維持されるのである。しかし、海外の伐採現場でかつてよく見られた乱暴なトラクター集材のように、林地が攪乱され、裸地が発生するような伐採方法がとられた場合は、森林の伐採が洪水緩和機能の低下につながることは言うまでもない。

さらに、低水流量や渇水流量についても対照流域法は森林伐採の影響を明確にすることができなかった。その理由は、対照流域法において似かよった二流域を選定するといっても、厳密には同一ではないからである。とくに、流域の地下構造すなわち地質条件は、かなり異なることが多いにもかかわらず、目に見えるものではない。しかも長期間雨が降らず、低水流量や渇水流量が発生するような条件下では基盤岩内の地下水が流出してくる状況なので、地表の森林の状態より地下構造の違いが流出の性格に影響を与えている。したがって、低水流出（低水流量や渇水流量が現れるような条件下での流出で、洪水流出と対比される）への森林の影響は抽出できなかったのである。

肝心の渇水時に水を増やさない

低水流出への森林の影響に関して、東京大学生態水文学研究所（旧愛知演習林）における水文試験結果は重要である。同研究所では一九二〇年代から、当時量水試験といわれていた森林水文試験研究が開始され、以来三つの流域で八十年以上も降水量や流量などの観測が続いている。観測開始当時の試験流域の森林はマツと灌木と背丈の低い広葉樹からなる貧弱なもので、中にははげ山に近い流域もあった。現在では広葉樹を中心とした樹高二十五メートルを超える立派な森林である。流域の地質は花崗岩または第三紀層である。

ここで観測開始当時の流域と現在の流域を比べてみると、流域の地形や地質はもちろん変わらず、変わっているのは森林の状態だけである。したがって、それぞれの流域での観測開始当時の流出状況と現代の流出状況を比べてみれば、その差は森林の変化に対応したものと考えられる。しかし、すでに述べたように、降雨パターンが同じ（直前の無降雨日数も同じ）条件のもとでハイドログラ

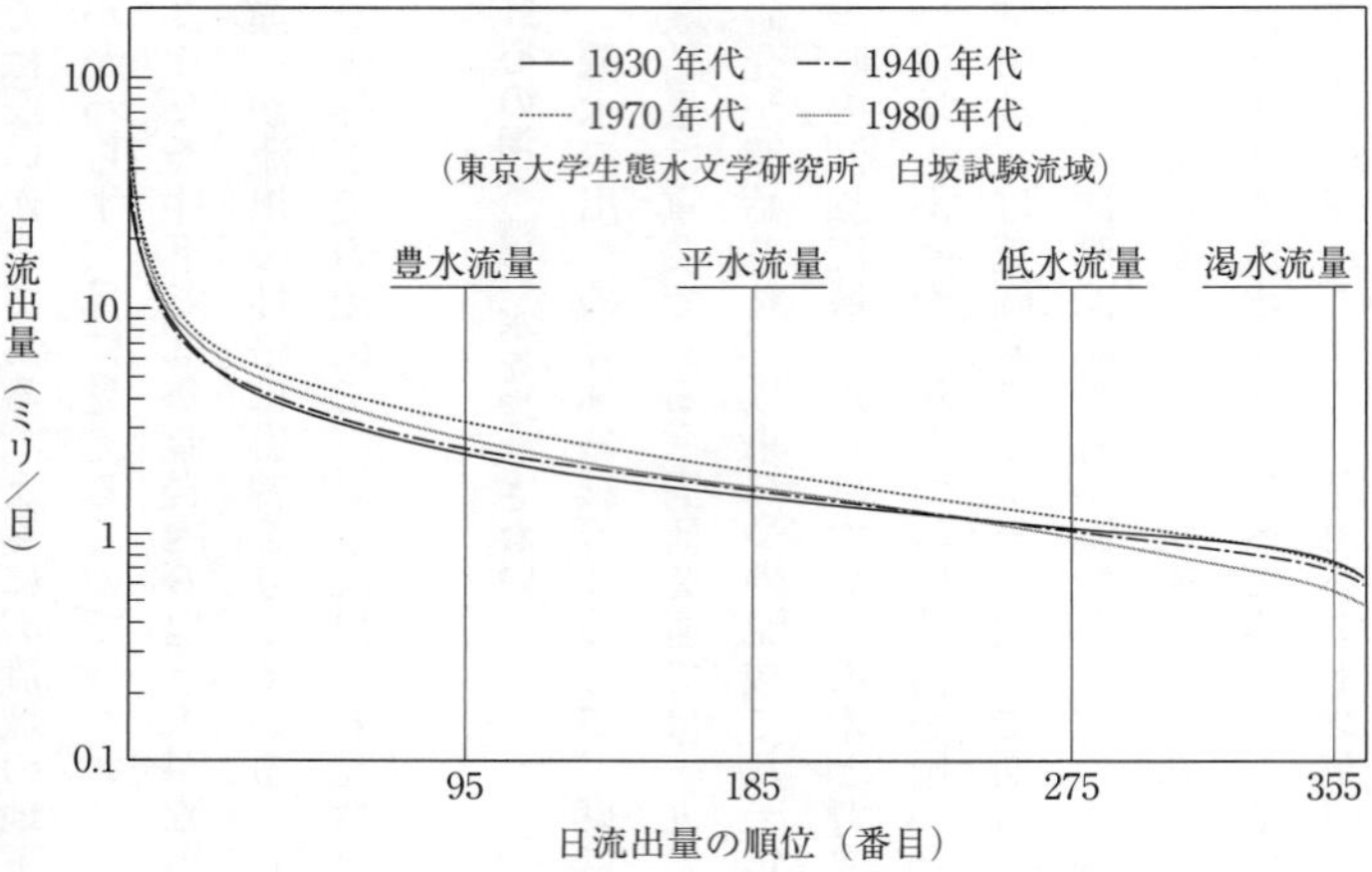

図5-17　森林の成長にともなう流況曲線の変化

フを比較することは困難である。また、低水流出あるいは基底流出（普段の水の流出で地下水が流出してくる）への森林の影響を明らかにする必要がある。そこで、ハイドログラフを直接比較するのではなく、流況曲線を作成して両者の比較が行われた（太田猛彦〔一九九六〕）。

ところで流況曲線の形は、当然のことながらその年の雨の降り方に左右される。そこで、観測開始当時に近い一九三〇年代及び一九四〇年代の十年平均流況曲線と一九七〇年代及び一九八〇年代の十年平均流況曲線が比較された（図5－17）。その結果、森林が成長すると豊水流量や平水流量は増加するが、低水流量、とくに渇水流量は必ずしも増加しない。むしろ減少していることが明らかになった。なお、このグラフで一九七〇年代のものは渇水流量になっても減少していないように見える。その理由は七〇年代だけがほかの年代に比較して年降水量の平均値が百ミリほど多い年代だったからである。したがってこの年代の流況曲線は全体として少し上にずれている（なお、流況曲線による解析はハイドログラフの直接解析と異なりデータの時系列性を崩すので好ましくないという見方もある）。

この結果から、森林は洪水を緩和し、水をゆっくり流出させて豊水流量や平水流量を増加させるが、同時に、成長した森林が大量の水を消費する（無降雨日には蒸散によって消費する）という、森林が本来もっている事実を考え合わせると、森林に低水流量や渇水流量を増加させる渇水緩和機能を期待するのはたいへん難しいという結論になる。現在も『森林・林業白書』でよく引用される二〇〇一年の日本学術会議の答申が森林の水源涵養機能の中身として、「渇水緩和」を挙げず、「水資源貯留・水量調節」としたのはこの理由による。

それではなぜ、かつて「森林は渇水を防ぐ」とさかんに言われたのだろうか。それは里山がはげ山であり、あるいはそこに劣化した森しかなかった三百年間の事情を考えれば容易に理解できるであろう。はげ山では地表流が発生しやすく雨水は洪水として短時間に流出してしまうので、大雨が降っても数日後には渓流が干上がってしまう。しかし、森林があると、森林は雨水を地中に浸透させゆっくりと流出させるので一週間や十日たっても渓流には水が流れている。そこで人々は「森林は渇水を防ぐ」と信じたわけである。

しかし、大雨の十日後の流量は厳密には渇水流量とは呼ばない。渇水流量が現れるのは、少なくとも三週間、あるいは一カ月以上雨が降らないときである。つまり、現実に渇水被害が出るような状況では、森林の流出遅延の効果よりも蒸散による水消費の効果のほうが大きくなり、渇水流量の増加は期待できないのである。しかしながら言葉だけが独り歩きして、今でも森林の水源涵養機能の一つとして渇水緩和機能を挙げる文献が多数存在する。

現代の水利用システムにおいては、このように河川流量が少なくなっているときには貯水ダムから給水するので、その影響は小さくなっている。しかしながら、河川水の利用率が高く流出総量そのものの減少が問題となる流域や、ダムの存在しない小流域では、森林が水を消費するという事実をふまえた、流量を増加させるための森林施業が必要である。

この節の最後に、もう一つ重要な指摘をしておこう。それは、同じように木のない山であっても、皆伐跡地とはげ山とではその水文学的性質が大きく異なるということである。

すなわち図5－18に示すように、一般に前者では森林土壌が存在するが、後者ではそれが存在しない。そして、健全な森林土壌が維持されていれば、皆伐跡地であっても水源涵養機能が発揮されることはすでに述べた。皆伐といってもそれは森林の地上部を取り除いただけであって、森林土壌も失われたはげ山とはだいぶ事情が異なるのである。ただしこの場合、丁寧な伐採・搬出が必要なことは言うまでもない。

一方、地上部が存在していても森林土壌が健全でなければ洪水や表面侵食が発生することもすでに述べた。この関係を知ることは、実際に森林を管理するときにきわめて重要なことである。

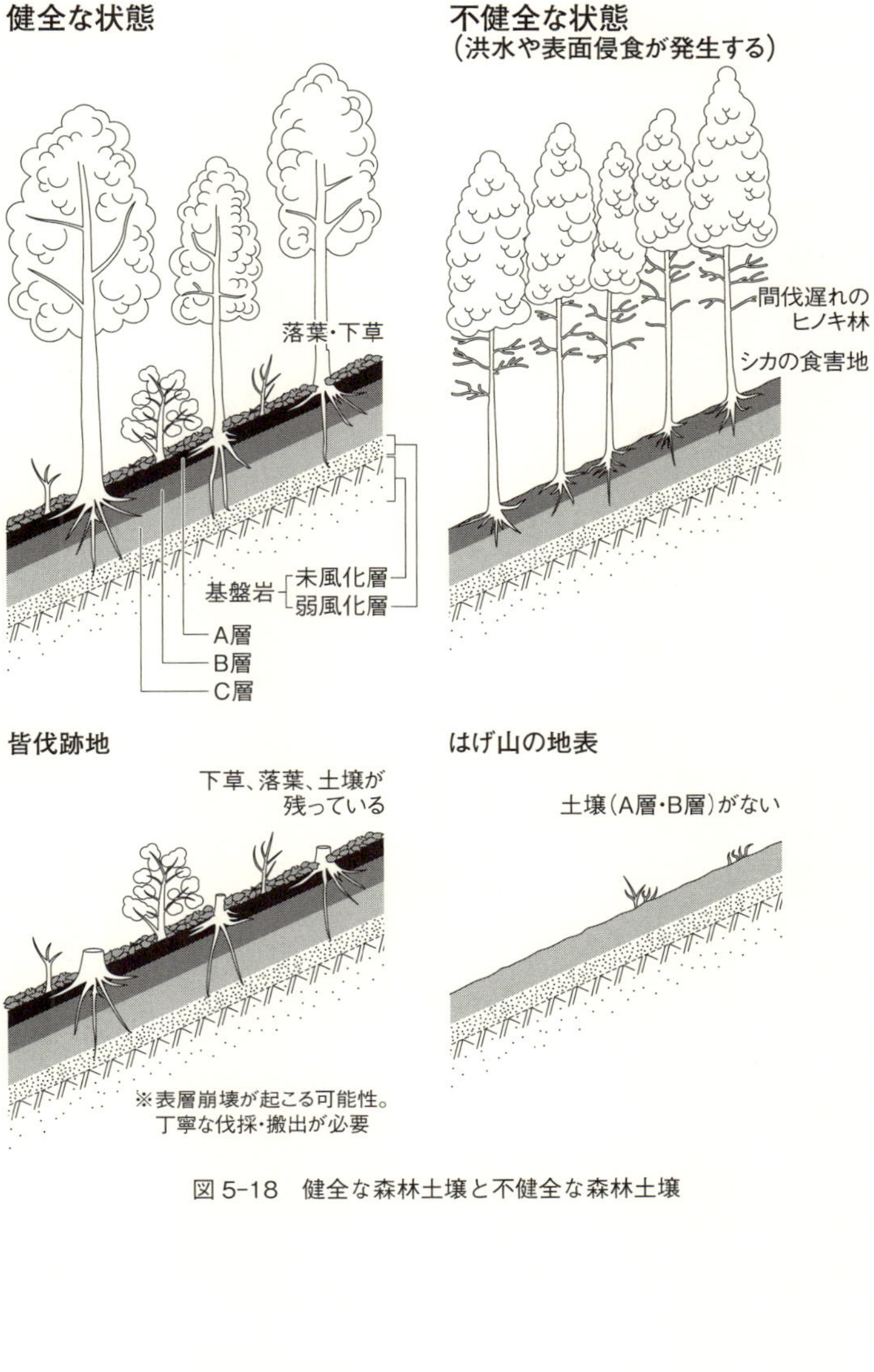

図 5-18　健全な森林土壌と不健全な森林土壌

激甚災害は必ず起きる

以上のように、水源涵養機能を発揮させる基礎となる健全な森林土壌は、よく知られている間伐遅れの人工林やシカの食害を受けた森林を除けば、ほぼ復活し、森林が水を浸透させ流出を遅らせる作用によって、洪水を緩和する機能や水資源を貯留する機能はすでにかなりの程度発揮されていると見られる。また、表面侵食の消滅によって濁水の発生も抑えられ、水質浄化の機能も向上している。すなわち、日本の森林の水源涵養機能は、すでにおおむね発揮されていると言える。

結論として、稲作農耕民族である日本人の宿命であった山地・森林の荒廃との闘いは、土砂災害の軽減や洪水氾濫の緩和などの防災面ばかりでなく、水利用面でもほぼ終了したのである。この国土に生きる私たちは、こうした認識のうえに立って、持続可能な国土環境管理を目指して努力していかなければならない。たとえば森林管理では「木は伐ってはいけないものだ」という単純な考えや、土砂管理では「山崩れはすべて防がなくてはならない」というような信念の是非を検証する必要がある（後述）。一方で、日本の社会の基礎的条件として、激甚な自然災害が必ず起こること、人口減少が進むこと、地球環境問題を克服しなければならないことを忘れてはならない。そのような新しい展開の一部を、第六章で考えてみたい。

五　河床の低下

砂利採取とダムの影響は？

すでに詳しく述べたように、山地・渓流から河川への流出土砂量は確実に減少している。流出土砂の一部には渓流区間の非透過型（土砂を通さない）の砂防ダム（治山事業では治山堰堤《えんてい》または治山ダムという）などで捕捉されて下流へ流送されないものもあるが、この種の防災用のダムは原理的にはやがて土砂で埋められ、その後はほとんどの土砂を通過させる。砂防ダムは土砂で埋められる（満砂する）とそのダムの役割は終わると思われるかもしれないが、実は埋められたあとも土砂が大量に流出してきたときには急勾配に堆積し、その後の小洪水で徐々にまたもとの堆砂《たいさ》勾配に戻ることにより、土砂が一挙に流出するのを防いでいる。これが防災用のダムの土砂コントロールの原理である。このため、長期的にはこれらのダムによる土砂流出量の減少はほとんど起こらず、流出土砂への影響は貯水ダムほどではない（ただし、連続的に砂防ダムを造り続けると短期的にはその影響は無視できない）。したがって、大局的に見ると下流の河川区間では、山地・渓流からの流出土砂が減少したぶんだけ河床低下が起こっているはずである。本節ではその実態を検証する。

しかしながら、下流には人々の各種活動に必要なダムや堰など、河川を横断する構造物が多数設置されている。とくに一九五〇年代から七〇年代にかけて、大河川のほとんどで大型ダムが続々と建設された。ダム流域率（河川の全流域面積に対するダムの上流流域面積の割合）が五〇％を超えるダムもいくつか出現している。その場合、それら構造物の多くは土砂が堆積しないほうが良い。しかし大部分のダムは非透過型であるから、上流から流入する土砂は水中を浮いて移動する砂粒

（浮遊砂）を除いて確実に捕捉されてしまう。実際に貯水ダムでは計画堆砂量を設定してそれを見込んで貯水池利用水量を決めている。

　したがって、大型ダムが存在する河川や多数のダムが連続的に設置されているような河川ではそれらに土砂が捕捉されてしまう。土砂流入量の多い河川では貯水池が満砂状態に近づき、ダムの利用に支障をきたす恐れが出てきたため、ダム堆砂量の一部を排砂管やダンプカーで下流区間に移送する事業が日常化しているが、ダム堆砂量の全量が移送されているとは思われない。そのため、一般的には下流の河床低下が発生すると考えられている。

　ところが実際には「アーマリング」が見られ、顕著な河床低下は観察されにくいという。アーマリングとは洪水によって細かい粒の土砂が流され、粗い粒の土砂や礫《れき》のみが河床表面を覆う状態である。こうなるとアーマリングが破られる（つまり大きな砂粒でも流れるような）もっと大きな洪水が起こるまで河床は低下しない。さらに、ダムによる洪水のコントロールでピーク流量が低下し、河床砂礫はますます移動しにくくなっている。したがって、ダム堆砂による下流の河床低下は思ったほどには進んでいない。

　しかし全国の河川は一九七〇年代から激しい河床低下を起こしていた。その原因は第一に砂利採取である。国土開発が進んだ一九六〇年代から七〇年代にかけて、建設用骨材《こつざい》としての川砂利の採取がさかんに行われた。それによる河川への影響はダムによる影響より大きく、ほとんどの大河川で全区間にわたって河床低下が発生した。その影響は現在も明瞭に残っている。

いずれにしてもこのような河川の状況から、山地からの流入土砂量の減少効果の検証は簡単にはできないのである。しかし一方で、大ダムの年間堆積量が徐々に減少しているという話も聞く。この例が多く見つかれば山地からの土砂流出量が減少している事実を直接確認できる。しかしこれについても全国的な検証はまだ行われておらず、軽々に断言はできない。

このような事情はあるが、大局的には日本の河川全体で上流山地からの流入土砂量と下流への流出土砂量のバランスは崩れているはずで、今後は山地・渓流からの流出土砂量の減少による河床低下がさらに増大すると確信している。

その根拠となる事例がまったくないわけではない。それはアーマリングの起こりにくい砂河川《すなかせん》での事例である。砂河川ではダム堆砂による下流区間での河床低下が明瞭に発生する。そのような河川での河床低下にはダム堆砂と砂利採取の双方が影響を及ぼす。このような河川で、仮に上流の山地・渓流からの流入土砂量が大幅に減少すれば、河床低下に大きく影響するはずである。その数少ない事例の中でこれらの河床低下原因を区別して議論し得る河川に中国地方の斐伊《ひい》川がある。

島根県東部の斐伊川はタタラ製鉄がさかんに行われていた花崗岩類の山地に水源をもつ典型的な砂河川で、江戸時代に顕在化した激しい土砂流出が明治時代中期ごろまで続いていた。その後タタラ製鉄の衰退で山地からの流出土砂量は徐々に低下するとともに、二十世紀後半には森林も回復して、現在では流出土砂量はかつての十分の一以下に激減したと見られる。一方で一九五〇年代に貯砂を主目的とする大型の砂防ダムができ、六〇年代から七〇年代前半にかけては砂利採取が行われた。

森の影響を見落とすな

砂利採取はかつて河川の全区間で行われるほど活発であったので、その河床低下は一般に河川の全区間で起こる。これに対し、ダム堆砂や山地・渓流からの流入土砂の減少による河床低下は河川区間の上流側から徐々に下流側へと進行する。そして、斐伊川では、大型砂防ダムの堆砂の影響を差し引いても、明らかに上流側からの河床低下が進行中だという（道上正規ほか〔一九八〇〕）。

砂河川以外の一般の河川では前述したように山地・渓流での流出土砂量の減少による河床低下は見えにくいが、そのような河川でも沖積平野に入って河床勾配が緩やかになると砂河川に似た河床が出現する。したがって、このような下流区間では中流区間を通過して流出してくる浮遊砂を中心とする流入土砂の減少によって同様のことが起こりうる。その兆候が信濃川下流部で見られるという（藤田光一ほか〔一九九八〕）。

このように砂河川や下流の砂区間の一部で発生している現象を見ると、現在はダム堆砂の影響のほうが大きいが、今後は山地・渓流からの流出土砂量の減少も影響してくると思われ、さらに大局的には一般の河川でも起こるようになるだろう。

以下に、このような状況を承知のうえで、現在の河川環境変化、とくに河床低下の現状を簡単に報告しておく。図5－19は二〇〇三年に国土交通省が発表した「流砂系現況マップ」である。これを見ると、砂利採取の影響が大きいと見られてはいるが、大河川は過去三十年間に低水路（低水敷《ていすいじき》）で平均二メートルほども低下している。

実際に私も全国各地で、護岸の根固めが侵食されて護岸が崩落している現場を数多く見ている。また、ときおり電車で渡るJR高崎線の烏《からす》川鉄橋は橋脚周辺の河床低下が激しく、ブロックを投入して保護された様子を見せているが、このような事例も多い。多摩川ではさらに礫床《れきしょう》の侵食が進み、ところによってその下の侵食されやすい土丹層《どたんそう》（シルト・粘土の固まった層）が露出しているとの報告もある。北海道でも、礫が消失して泥岩の侵食が進んでいる河川が目につくという。

生態系への影響

なお、自然河川では間歇《かんけつ》的に発生する洪水流によって土砂と水が一挙に大量に流れることによって〝河川らしい〟環境が維持される。現在はダムでの流量コントロールの影響で大洪水がなくなったこともあり、高水敷《こうすいじき》（普段は水が流れていないが洪水のときには流れる部分）はなかなか破壊されない。さらにダム管理においては、ときおり洪水流をフラッシュさせる（一気に流出させる）操作が行われているものと思われるが、土砂をフラッシュさせるのは至難の業であろう。その結果、一般に河床は固定化される。その場合、河川生態系はどうなるのだろうか。

まず河原の植物相の変化がある。すでに多くの指摘があるが、種組成の変化などを指摘することと同時に、その原因である河原の立地環境の変化を指摘する必要があることを主張したい。

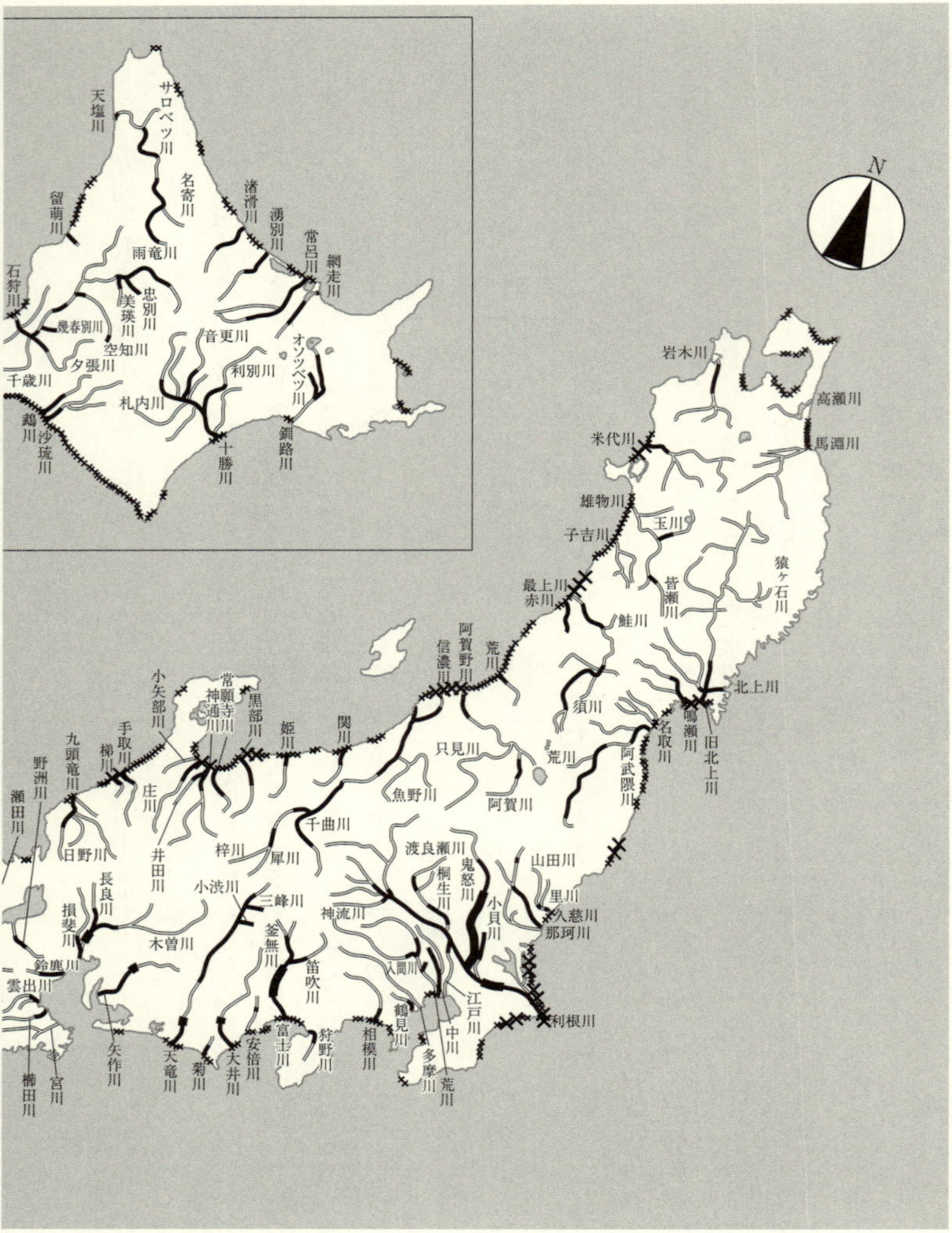

通省　国土技術政策総合研究所〔2008〕より）

図 5-19　おもな流砂系現況マップ（国土交

たとえば、よく採り上げられる河原での外来種ニセアカシアの繁茂は土砂移動の停止だけでなく、河床低下によって高水敷の比高が高くなり、乾燥してしまうことの影響も大きい。それがなければニセアカシアの侵入速度はもう少し緩やかなものであっただろう。もちろん高水敷の破壊があれば、ニセアカシアは侵入しない。砂礫堆（砂州）や高水敷の破壊は河川らしい水生生態系の維持にも欠かせないということである。

川はどうなるのか

以上のような河床横断面全体での平均的な河床低下は、砂利採取禁止後は徐々に収まってきていると思われるが、しかし今度は低水敷（普段の増水で水が流れる部分）内で水みち（水が集中して流れる部分。渇水のときでも流れている）の侵食が進み、局所的な深掘れ現象が発生し始めている（図5－20）。これには河道内での植生の繁茂も影響している。逆に高水敷及び低水敷で地下水面からの比高が大きくなるため、河原は全般的に乾燥化している。こうした河床環境の変化は、さらに生態系に影響を及ぼす。

一方、河床低下は基本的には流水断面積の増加を意味し、洪水の疎通能力が高まる。その結果、同じ流量なら水位は低下し、洪水氾濫の緩和に貢献する。しかし、自然取水では取水口が浮き上がり、取水が困難になる。

こうした河床低下の原因の大部分は、現時点ではダムや堰などの河川構造物の影響と見るほうが

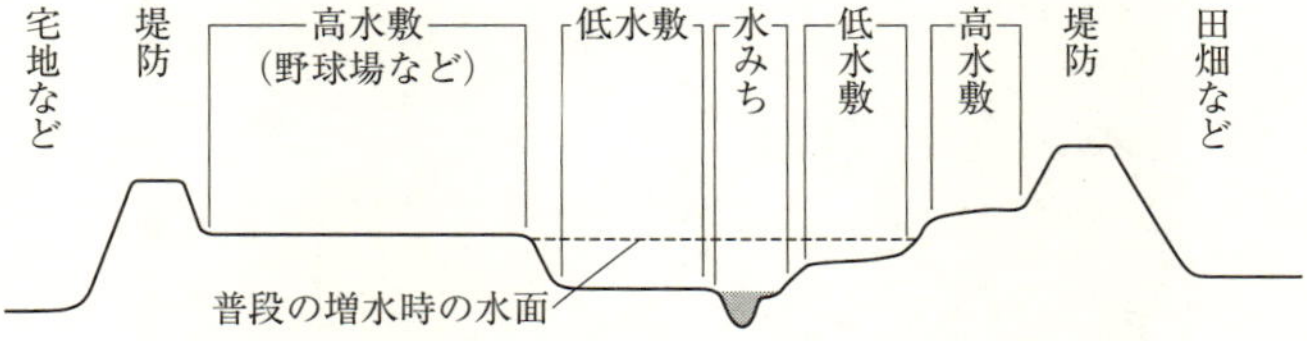

図 5-20　高水敷と低水敷

妥当かもしれない。しかし、上流の山地・森林の変化を十分認識しておかないと今後は対処が後手にまわる恐れがある。ここでは流砂系（山地から海まで、その河川の土砂が移動する範囲）のコントロールがきわめて重要である点を強く指摘しておきたい。

以上のように、河川上流部の山地における森林の回復の影響は砂利採取やダム堆砂の影響に比べて軽視する見方が多いかもしれない。しかし第三章で述べた日本の山地・森林の変遷を考慮すれば、将来その影響が顕在化することは確実だろう。

六　海岸の変貌

海岸線の後退

以上のような日本の河川の全般的な河床低下によって、河川から海岸・海洋への流出土砂量も減少していると考えられる。しかし、その減少量のすべてがおもに砂利採取による河床低下、あるいは一部でのダム堆砂による河床低下の影響だけだろうか。言い換えれば、上流の山地・森林からの流出土砂量の減少は影響していないだろうか。本節ではその点を検証して

写真 5-7　1935 年ごろの御幸の浜（提供：小田原市立図書館）

みる。

間接的ではあるが、森林回復の海岸への影響が示唆される状況が見えてきている。しかもそれは一般に考えられているよりもはるかに激しく、大規模なものであることがわかった。

近年、海岸侵食の凄まじさはすでによく知られている。各地で海岸保全事業が活発に行われているが、その効果は限定的に見える。そこで海岸侵食の実態と海岸保全事業の状況をいくつかの事例を用いて簡単に紹介する。

口絵Dは小田原市の御幸《みゆき》の浜における過去五十年間の海岸線の変化である。一九五〇年時点では、砂浜の幅は百メートルはあったそうである。当時の状況は写真5－7のようで、浜にはこのように大きな海水プールがつくられていたという。一九八〇年代の初め、海岸沿いに西湘《せいしょう》バイパスが完成したが、そのころから海岸は激しく侵食され始め、一九八八年の時点で一部に基盤岩が露出する。その後侵食防止工事として消波ブロックの投入やヘッドランド（突堤）の建設が行われたが、侵食は一向に衰えず、二〇〇六年には台風九号により西湘バイパスの崩壊が起こっている（写真5－8）。そして写真5－9が現在の御幸の浜の状況である。

このような海岸侵食は図5－19によれば、鹿児島県西岸、宮崎県、福岡県、高知県、徳島県、山陰から東北地方の日本海側にかけてのほとんどの県、三重県、静岡県、千葉県、茨城県などでとくに激しく、右に述べた神奈川県の例はまだましなほうである。

これらの海岸侵食は、ほとんどが一九六〇年代以降に始まったものと思われる。初期の本格的な

写真5-8　台風の高波によって崩壊した西湘バイパス（提供：毎日新聞社）

写真5-9　現在の御幸の浜。大きな石がごろごろしている。2010年（提供：小田原市）

海岸侵食防止工法として著名な、鳥取県の皆生《かいけ》海岸の離岸堤は一九七一年にできている。

このような海岸侵食に対してその後多くの対策工法が開発された。消波ブロック、各種護岸工、突堤などが次々とつくられ、近年の主流となっているものは養浜《ようひん》工事である。これはトラックや船で砂を運搬し、侵食が激しい砂浜海岸を埋め立て、人工の砂浜を造成する方法である。なお、養浜による人工汀の造成は埋立地に砂浜を造成する場合にも応用され、そこは人々の憩いの場所となっている。

"犯人探し"

ところでこのような海岸侵食の原因はどのように考えられているであろうか。たとえば宇多《うだ》高明《たかあき》ほか（二〇一二）によれば、おもな侵食原因は以下のとおりである。すなわち、①沿岸構造物による沿岸漂砂の連続性の阻止、②防波堤などによる波の遮蔽域の形成、③砂利採取や河川構造物にともなう河川からの砂供給の減少のほか、天然ガスや地下水の過剰汲み上げによる地盤沈下が挙げられている。

この例では三番目になっているが、海岸侵食に関する人々の認識は、河川からの土砂供給の減少にその主要な原因があると信じられているように思う。海岸侵食防止対策の現場で発行されているパンフレット類を見ても、個々の現場では①や②や地盤沈下を考えての対策を紹介しているものの、大局的には③の重要性を感じているように解釈できる。

ここで問題にしたいのは、③の河川からの土砂供給の減少が砂利採取や河川構造物のみによるものかということである。確かに、相模川《さがみ》の例などを見ると、上流にいくつもの貯水・取水のための大ダムが存在する。さすがにその影響は大きく、砂利採取が禁止されたあとでは河川構造物の影響が大きいかもしれない。しかし、一般論として、以下のように考えることもできる。

まず、ダム流域率の平均は四〇％程度であり、ダム残流域や中小河川から直接海に流出する土砂も多いだろう。また、ダムに堆積する土砂の粒径は掃流砂《そうりゅうしゃ》（川底をころがったり飛びはねたりして移動する砂粒）以上のものであり、ダムに流入する土砂量の三〜四〇％を占めるといわれる浮遊砂は洪水時にダムを通過して下流の沖積河川さらには海洋へ直接到達する。したがって、山地・森林からの流出土砂量の減少は現時点でも海に流入してくる土砂量を減少させている可能性がある。

ところで、河口への土砂流出が減少する影響は悪いことばかりではない。まず、河口閉塞が減少した。河口の砂嘴《さし》も細っている。これらは航空写真から明瞭に読み取れる。一般論ではあるが、河口閉塞の減少は沖積地、とくに三角州地帯や砂丘の後背湿地のような低平地での洪水氾濫の危険性を低下させる。

また、第一章で、海に流出した土砂は沿岸流に乗って漂砂としてその河川の流砂系内の砂浜に運ばれると述べたが、とくに砂浜海岸での海岸侵食の進行は、浜辺に打ち上げられて飛砂のもとになる砂の量、すなわち漂砂の量の減少を意味する。近年飛砂の害が少なくなった原因には、先人が苦労して造成し、営々として維持されてきた海岸林や戦後の海岸砂防造林によって立派に成長した海岸林そのものの効果もあるが、もっとも重要な原因は砂の供給が減少したことである。ここでも、過去三百年以上に及んだ、飛砂が飛び続けるという環境が大きく変化したことが示されている。

話をもとに戻して、河川から流出する土砂の源を探る作業を続けよう。そのためには個々の河川からの土砂流出量を問題にするのではなく、それが行き着く全国の海岸の状況から推定を行うことも可能であろう。なぜなら河川から海へ流出した土砂は、沖合いへ流出する部分はあるものの、とくに流出土砂量が多い場合、一定の割合で土砂が通常の流砂系を越えてさらに遠くの海岸にも到達しているはずと考えられるからであり、また日本海側の河川では、流砂系が完全に限定されてはいないと思われるからである。したがって、ここでは流砂系を考慮せずに話を進める。その場合、山地・森林から流出した土砂の終着点は海岸であり、その状況を現実に観察できるのは砂浜海岸ということになる。

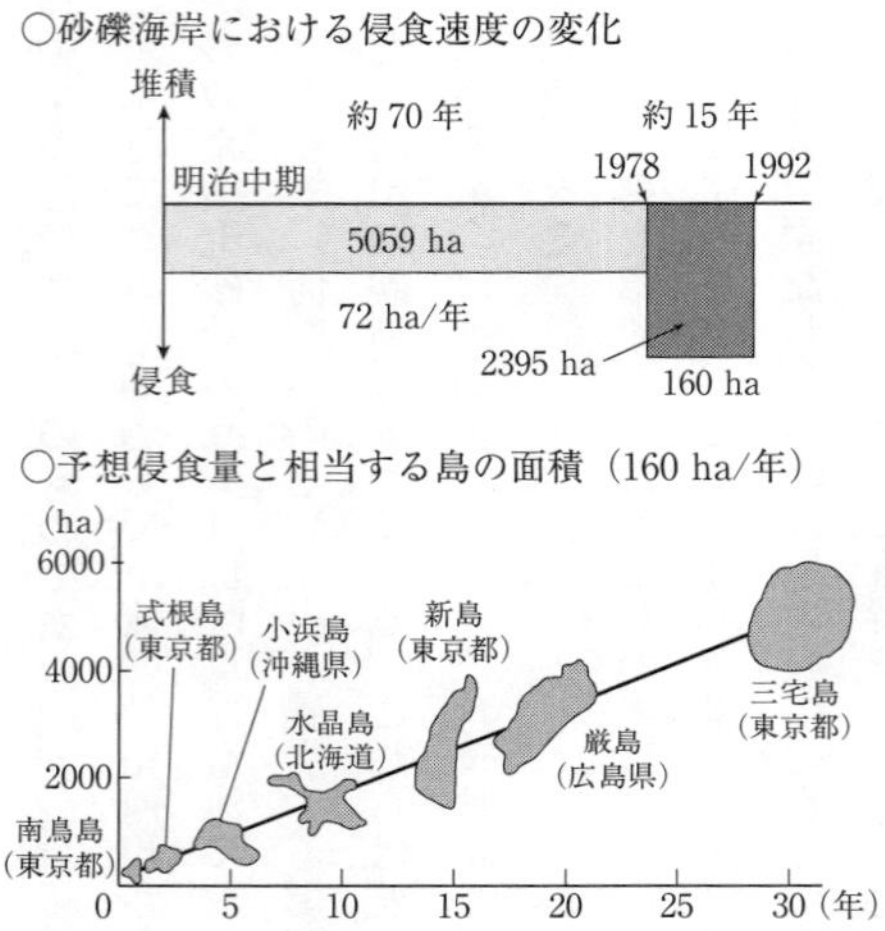

図 5-21　海岸の侵食災害（田中茂信ほか〔1993〕より）

そこで図5－21を示す。この図は海岸の侵食量の傾向を示したものである。一九七八年から九二年までの年平均で毎年百六十ヘクタールの浜辺が消失している。その量はそれ以前の七十年間の平均値の二倍以上である。海岸侵食の調査の歴史は浅いので、この程度の数値しかないものと思われるが、実際には一九六〇年代から徐々に増加し、現代にいたっているものと考えられる。つまり砂浜の侵食量の増加と森林の成長による山地からの流出土砂量の減少は比例しているのである。もちろん、この間にダムが次々につくられ、大量の砂利採取があったのも事実である。したがって、その影響は大きく、森林の成長の影響はまだその一部に過ぎないかもしれないが、これまでの考察からダムで貯留される土砂量や河道掘削量を超す侵食が起こっているものと推定される。

いくつかの「証拠」

ところで第一章の図1－1をもう一度ご覧いただきたい。この図には宍倉正展（二〇一一）が沿岸の堆積物調査から割り出した八六九年の貞観地震津波の当時の海岸線の位置が描かれている。その位置は現在の海岸より明らかに一キロメートル以上内陸側に存在している。貞観地震以降これまでに、陸上で最大約一メートルを記録した東北地方太平洋沖地震より大きい地盤変動はなかった。したがって、大胆に推測すると、現代までに一キロメートル以上も砂浜が形成されたことになる。このことは、この間の山地から砂浜海岸への土砂供給が海岸での侵食量よりも格段に大きかったことを物語っている。それなのに最近は仙台平野でも海岸侵食は起こっている。

一方日本海側ではこんな話がある。北村昌美（一九九六）によると、昭和初期の庄内平野・川南砂丘における赤川新川掘削時の出土品によって解明された同砂丘の歴史は以下のとおりである。「今から四百～五百年前には、現在の砂丘地よりも三十～四十メートル低い位置に丘陵地があり、そこにはクロマツではなくケヤキやナラなどが生育していた。また、二千～三千年前には、その林のなかで縄文時代の人々が生活していたのである。

当時の植生としては、クリ、ナラ、ケヤキ、ヤナギが多く、なかでも多かったのはクリとナラだった。ある古文書によれば、ふつうの森林状態でこれらの樹木が茂っていたのは江戸時代の初め頃までらしい。その証拠の大部分は地下に埋没しているが、現在の植生にその名残をとどめている例もある。西茨《にしばら》新田（引用者注：現在の庄内空港の南）のハンノキ林などもその一つといえよう」。

これらの広葉樹林は製塩のために伐採されたもので、そのため飛砂害が発生し、海岸林が造成された。川南砂丘では一七三六（天文元）年以降、クロマツのほかスギ・ヒノキも植えられたが成功しなかった。しかし、理由は不明であるが、藩政時代の中期ごろから飛砂が激しくなっている。そのため、一七一七（享保二）年ごろからカヤ、ネムノキなどの植栽が開始されるようになった。

この話から、江戸時代初めまでの海岸環境は古代と比べてそれほど変化がなく、海岸には日本の原植生に近いものが存在していた。しかし江戸時代以降は海岸に到達する砂の量が多くなり、飛砂が激しくなって砂丘が発達したことを示している。さらに藩政時代中ごろから飛砂はますます激しくなったという。海岸に到達する砂の量がさらに増加していたのであろう。

庄内砂丘と同様の事例は鳥取砂丘においても発生している。さらに、三保の松原でも規模は小さいが六世紀以降の砂の堆積を示す報告がある。

これらの話を総合すれば、日本の海岸への砂の供給の変遷は第三章及び第四章で述べた日本の国土環境の変遷と軌を一にすると結論できる。

以上のように海岸の環境は河川環境と同様に変化していることがわかり、それは海浜生態系やそれに続く陸上の生態系に影響していることも当然である。砂浜から礫海岸に代わればそこでのサーフゾーンや渚の生物相も当然変化する。砂浜海岸で海浜植生が増加し海岸林では広葉樹の進出が目立つ。海岸の環境が変化し、飛砂が減少した以上、すべて当然の結果なのである。

国土環境の危機

第五章の最後に、これまで述べてきた状況をふまえて日本の国土環境の変遷を総括する。図5−22はその変遷の模式図である。

今から四千年ほど前の縄文海進終了時以降の気候にはそれまでのような大きな変動はなく、現在の気候とほぼ同様と見られる。図5−22で縦軸はその間の山地の平均侵食速度を基準としたときの侵食速度の増加量（過剰侵食速度と表示）、すなわち人間の活動が影響しなかったころの山地からの平均流出土砂量からの増加量、言い換えれば砂浜の拡大速度を示している。この図に示したように、十四世紀ころまでは日本全体で見れば山地からの土砂流出量と海岸での侵食量はほぼ平衡して

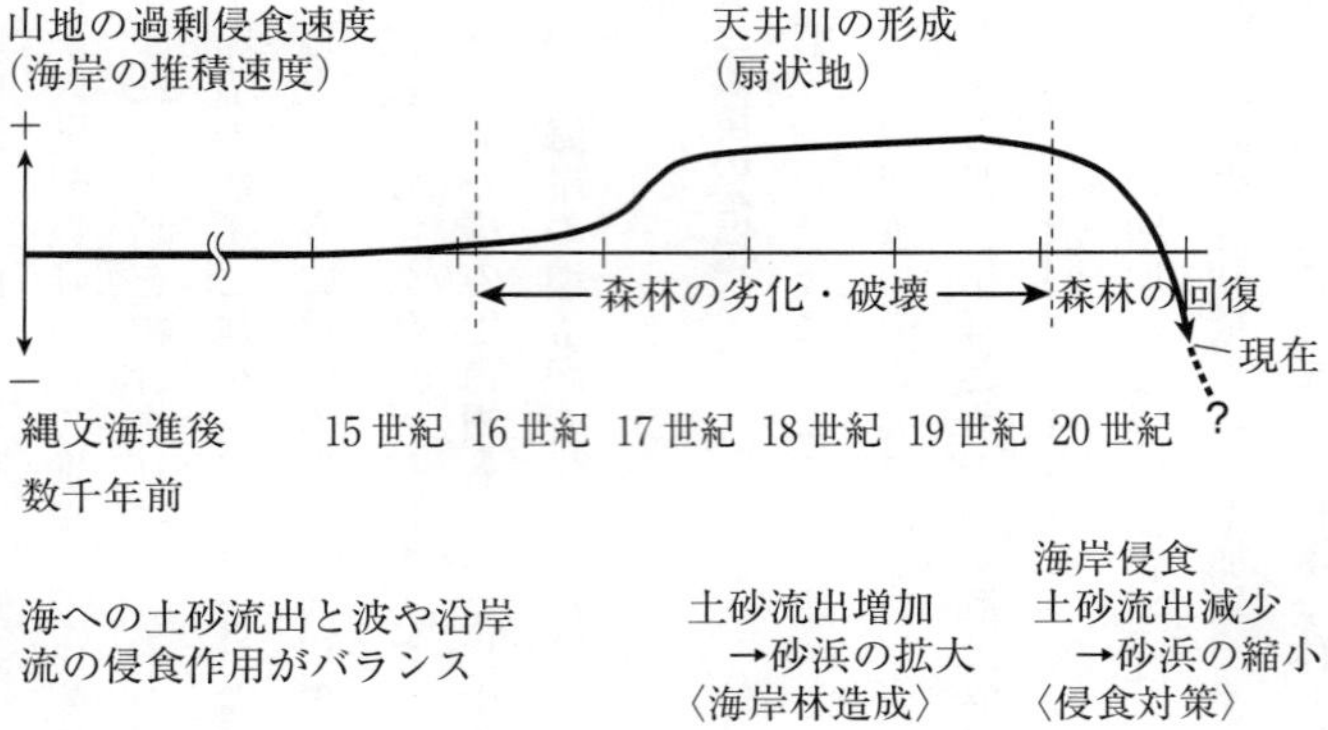

図 5-22　森林の変遷と国土環境の関係

いたと考えられる。あるいは平衡した状態で日本の海岸線が形成されていたと言っても良い。

しかし、十五世紀以降は人口が一千万人単位で増加し、それにともなって山地・森林の劣化による土砂流出が増加し始め、十七世紀に入ると三千万人規模に達し、土砂流出量は急激に増大した。そのため、海岸では土砂の堆積が進み、以降三百年程度は砂浜拡大の時代が続いた。飛砂害が多発した時代である。今から百年ほど前から状況は徐々に変化を見せ始め、過去半世紀程度の間に状況は逆転し、むしろ砂浜が縮小する傾向に変わっている。つまり、十七世紀以降半世紀前までは土砂流出過剰時代であり、その国土保全政策がこれまでの治山治水事業であったといえる。

この図は、日本の国土環境の変遷には、農耕社会における森林の劣化・消失や二十世紀後半の森林の成長・回復が大きく影響していることを示している。農業・農村の変化や都市の変化は、私たちが実感してきたとおりである。しかし、私たちが森林から遠ざかってしまった現在、その影響は見えにくい。しかし、いま国土環境に海岸の後退という思わぬ危機が迫っているのである。森林の取り扱いの如何がここまで国土環境に影響を与えていることを、森林関係者だけでなく、国民全体が理解するべきである。少々大げさに言えば、国土環境の危機はおもに山地での森林の〝飽和〟にその原因があると言える。

このように日本の国土環境は二十一世紀に入って過去四百年とはまったく異なるステージに入った。国土管理にかかわる人々はその新しい環境の中で持続可能な社会を創出しなければならない。これまでの方針の維持はおろか、その改良でも不十分であろう。私たちはこの新しいステージの上で、森林や河川、海岸の管理をどのように行うべきであろうか。その試案を次章で提示する。

第六章●国土管理の新パラダイム——迫られる発想の転換

本書ではこれまで、今後の国土環境管理に不可欠な基礎的知見を述べてきた。その国土環境の具体的な管理にあたっては、それぞれの分野の知識・経験とともに、持続可能な社会とは何かということ、また、現代の日本社会が人口減少社会であることへの正しい理解も必要とする。つまり本書が取り扱っている内容はあくまで、国土を考えるうえでの基本認識の一つに過ぎない。したがって、山地・森林の取り扱いに限ってみても個人が提案する具体案には限界がある。それを承知のうえで、森づくりや海岸林の再生などについてその方向性を考えてみる。

一 〝国土〟を考える背景

国土の特徴を一文でつかむ

「国土」をテーマとする書物には必ずその基本的知識の一つとして国土の特徴、すなわち日本の自然や社会の特徴を再確認する記述がある。国土管理ばかりでなく、社会のあらゆる課題の解決において国土の特徴を認識することは不可欠である。地球環境問題を克服して持続可能な社会を構築するためには、いくら国際化時代とはいえ、私たちは基本的に日本の国土の上で諸問題を解決しなければならないからである。たとえば、東北地方太平洋沖地震での福島第一原子力発電所の事故は、人口増加と経済発展によって急増した電力需要を原子力発電によって解決しようとしたエネルギー問題が、ときどき巨大津波が発生するという、一見ほとんど関係がないと思われていた日本の自然災害の特徴とぶつかり合った事件である。本書でも新しいステージでの国土の取り扱いを考えていく以上、日本の国土の特徴を簡単にとりあげておく必要がある。

日本の自然と社会の特徴といえば、山地が急峻《きゅうしゅん》で川は急流である、地質が複雑である、地震や火山活動が活発である、台風が襲来する、人口が多い、などを羅列することができる。しかし、日本ではなぜ山が急峻なのか、なぜ台風が襲うのか、なぜ人口が多いのか、などをいちいち説明するのはなかなか面倒に思える。だが、それらを整理すると、「日本はユーラシア大陸の東岸、中緯度の沈み込み帯に形成された弧状列島である」というたったこれだけの事実を合理的に理解すれば、説明は決して難しいことではない。

プレートを読む

海溝型巨大地震であった東日本太平洋沖地震の発生メカニズムの解説で誰もが知るようになった「プレート・テクトニクス」の理論によれば、日本は大陸プレート（地殻《ちかく》）であるユーラシアプレ

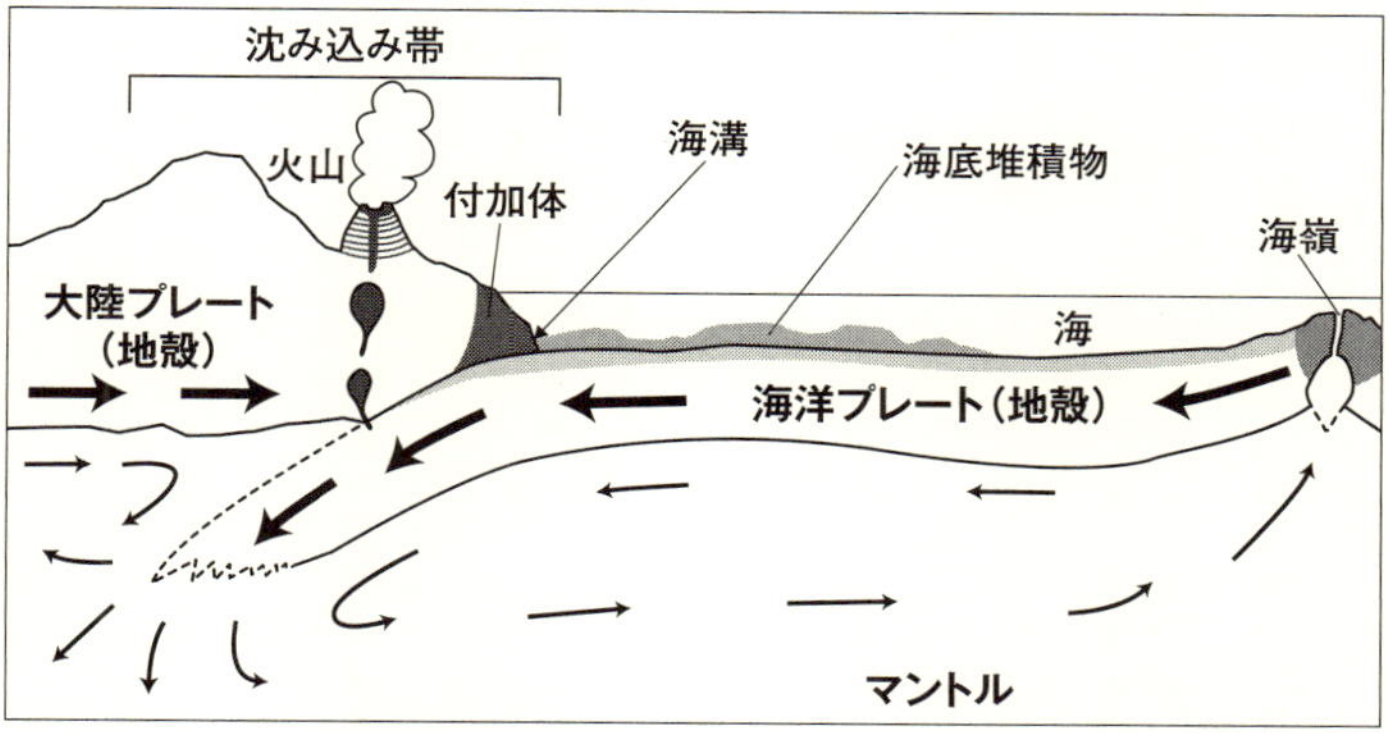

図6-1　海洋プレートと大陸プレート

ート（「アムール・サブプレート」）と北アメリカプレート（「オホーツク・サブプレート」）の下に、海洋プレートであるフィリピン海プレートと太平洋プレートが沈み込んでできた弧状列島である。なぜ〝沈み込み帯〟と呼ぶかといえば、相対的に軽い花崗岩《かこうがん》でできた大陸プレートと重い玄《げん》武岩《ぶがん》でできた海洋プレートがここでぶつかり合って、重い海洋プレートが大陸プレートの下に沈み込んでいるからである（図6－1）。そして、そのとき大陸プレートの端を押し上げ、同時に海洋プレートの上にある海底堆積岩や古い大陸のかけらが大陸プレートの縁に押しつけられて島が形成されたのである。

しかも、この沈み込み帯では沈み込む速度が速い。したがって日本付近では常に地殻に押す力が強くかかっていることになり、地震が起こりやすく、ときどき大陸プレートが跳ね上がって巨大地震も起こる。また島の隆起速度も速いので山は容易に高くなる。そのうえ断層が無数にあることもあって地質は複雑でもろいので、侵食を受けやすい。

さらに、沈み込むライン（海溝）から大陸側へ八十キロメートルほどのところに、その摩擦エネルギーが地上に向けて噴き出す火山の列ができる（これは一つの説である）。島が〝弧状列島〟になるのは、球体（地球）に板状のもの（プレート）を浅い角度で差し込めば、表面の切り口は弧状になるからである。また、山が高くて細長い島なら、川は急流で短くなり、平野は少なくなる。つまり、日本の地形と地質の特徴はほとんどこれで説明できてしまう。

気候を読む

一方、大陸の東岸で中緯度と言えば温帯モンスーン地帯である。とくにユーラシア大陸の東岸は「モンスーンアジア」と言われるほどの、世界でもっとも典型的な季節風帯である。大陸と海洋の境界では寒気と暖気、乾気と湿気がぶつかり合うので低気圧が発達し、前線の活動も活発である。さらに大陸の東岸は台風に襲われる。降雨が多くなるのも当然であり、山を侵食する力も増す。そして、このような地形、地質、気候・気象条件のもとでは、あらゆるタイプの自然災害が多くなるのもうなずける。

さらに、大陸の東岸では高温の夏に雨が多い（西岸では夏は乾燥しているので過ごしやすい）。東岸の夏は熱帯多雨地帯と同じ気候条件になる。したがって、熱帯の作物である水田稲作がどこでも可能になる。水田稲作は水中で栽培するので畑作より相対的に病虫害が少ないうえ、連作（同じ土地に毎年同じ作物を栽培すること）が可能である。ヨーロッパの畑作のように「三圃《さんぽ》式《しき》」（夏と冬で耕地を分けて別々の作物を栽培し、さらに休耕地を設けて、以上三つを年々交代させて使う方式）にする必要がない。しかも日本人が主食とするコメは、穀物の中ではもっとも単位面積あたりの収量が多い。すなわち、狭い面積でも比較的多くの人口を養うことができる。これがモンスーンアジアで一般的に人口密度が高い最大の理由である。そのうえ日本は弧状列島なので平地が少ない。したがって平地は人口密度の数値をはるかに超えた過密状態で、いきおい一人あたりが利用できる土地の面積は小さくなる。土地所有が細分化され、地価が高くなるのも当然の帰結であろう。

また、日本の森林が生物多様性の豊かな森になっている理由は多々あるが、中でも夏の高温多湿な気候がそのおもな要因である。先にも述べたが、大陸西岸のヨーロッパの夏は乾燥している。したがって雑草が生えにくく、たとえば芝生《しばふ》の手入れは簡単である。その芝生を日本のゴルフ場に導入すれば、熱帯と同様の夏は多種多様な雑草の成長に悩まされるのも当然である。そこで、農薬が大量に使用され、水や土壌の汚染を引き起こすことにもつながる。一方、コメは水中で栽培されるので雑草の繁茂はまだ軽いほうである。日本の自然の特徴はこのようなところにも現れている。

以上のように、日本の自然と社会の条件は、プレートの沈み込み帯に位置すること、温帯モンスーン気候であること、さらに、気候や地質上の条件ではないが、先進工業国となった結果として現在は人口減少社会であること、以上の三つに集約される。この条件のもとで、人類共通の課題である地球環境問題を克服して、持続可能な社会を形成していかねばならない。日本の国土に生きるものは、このような自然と社会の条件を常に念頭に置きながら、新しいステージを切り開いていく必要がある。

二　新しい森をつくる

荒れ果てる里山

第四章の最後に現代の森林の質的問題の一端を紹介した。これからの森づくりを考えるために、現状をもう少し説明する。

まず里山の農用林や薪炭林《しんたんりん》は明治時代以来、スギ、ヒノキ、マツなどの人工林に少しずつ転換されていったが、残された部分はエネルギー革命・肥料革命が進んだ一九六〇年代以降、基本的には放置された状態になった。そのため、里山の象徴だったコナラやクヌギが大木になり、低木のアオキやヒサカキが目立つようになって、林内は薄暗くなる。林床《りんしょう》にはその薄暗さを好むアズマネザサ（関東地方）やネザサ（関西地方）がはびこり、人の背丈を越すほどで歩くのも難しい。シラカシなどカシやシイの類も成長し始め、暗い常緑広葉樹林（照葉樹林）に変わってきたところもある。

かつて里山として利用されていた時代以前の照葉樹林はもっと明るい森だったが、使われなくなった里山で照葉樹が成長すると、今度は暗い森になる。同じ照葉樹林の里山でも、その樹種構成が変わってしまうのだ。道端などの林縁《りんえん》には「パイオニア植物」と呼ばれる、光を好む草本《そうほん》や木本《もくほん》のイバラ類、クズなどのつる性植物が密生して「マント群落」を形成し、人の立ち入りを阻《はば》んでいる。

いまや里山の一部となっている人工林も手入れがされず、薄暗い。

アカマツ林の里山でも広葉樹が成長し、マツはかつての勢いを失っている。弱り目に祟《たた》り目とはよく言ったもので、いわゆるマツクイムシ（マツノマダラカミキリが宿主となって運ぶマツノザイセンチュウによる虫害）によるマツ枯れが全国に広がり、マツは受難続きである。当然、かつて秋の味覚の王様だったマツタケの収穫も期待できなくなった。

一方で、あちこちで竹林がはびこりだし、里山を登り始めた。農家の脇に植えられていたモウソウチク（孟宗竹）は江戸時代に中国から移入された外来種であるが、食用や竹細工の原料として私たちに馴染み深い。たとえば、タケノコを採るときは竹林内の竹の密度を、傘を差して歩けるほどに管理するのが通例であった。その管理を放棄すると竹林内は過密になり、土壌は貧栄養状態になる。そのため竹の地下茎は栄養を求めて竹林の外側にまで伸びていき、その速度は一年間に十メートル近くになることもあるという。各地でスギの造林地に侵入する竹林を見ることができるはずである。近年、九州地方から東北地方南部まで、竹林の繁茂はとくに著しい。そのうち日本の里山は竹林で覆われてしまうかもしれない。

こうして、かつての明るいコナラ、クヌギの二次林、アカマツの二次林は鬱蒼《うっそう》とした密林に変化し、林内は見通しが利かない。かつて、落葉を採取するためではあったが丁寧に掃き清められ、すがすがしささえ感じられた林床の景観も、春植物の繁茂もともに姿を消した。里山型の種の生物量は大きく減少している。マント群落も、手入れのされない人工林も、密生した竹林も人を寄せつけず、かつての里山の景観は見る影もない。かねて里山を理想郷のように考えている人々も、改めてこのような状況を知るならば、「里山は荒廃している」と感じてもおかしくない。現実に、里山は荒れ放題なのである。

近年、京都などで発生しているナラ枯れ病もまた、放置された二次林で起こるべくして起こった問題である。ナラ枯れはカシノナガキクイムシによる虫害であるが、樹勢の衰えた木に取りつきやすい。スギやヒノキは樹齢が八十年でも百年でも健全に成長するが、コナラやクヌギなどは五十年を過ぎればいわば老齢である。したがってこの虫害が広がりやすい環境ができているのである。

このように、里山では総じて生態遷移が進行し始めたわけだが、これは里山の奥山化を意味する（ただし里山以前の昔の森林の形態にただちに戻るわけではない）。人が資源を利用しなければ、「奥山」に変わっていくのは必然であり、そうなれば本来は奥山にいるはずの動物が里山まで出てきてしまうのも当然である。近年、クマやサルが里山近くの住宅街に現れたというニュースをよく耳にするが、それもまた当然と言える。

人工林の現状についてはすでに述べた。下刈り、除伐、間伐、枝打ち、つる切りなど手入れされることを前提として植栽された人工林は、放置されれば荒廃するのは目に見えている。その原因が輸入材の増加による林業の衰退であることはすでに述べたし、近年、間伐推進政策が強力に進められていることも周知の事実である。ここでは衰退のもう一つの理由として、金属製品や石油製品、コンクリート製品など、地下資源を加工して得られる代替品の普及（たとえばプラスチック製の什器など）があることを付け加えておこう。

人工林の荒廃、天然林の放置

現在、国産材の価格（材価）が五十年前の水準にまで落ちていることは、物価の変動を考慮すると異常というほかない。その結果として国産材の生産から得られる利益は非常に小さくなり、生産量が落ちて木材の自給率は五年ほど前まで二〇％以下に低下していた。近年中国やインドなどの途上国の木材需要が高まり、外国産材の供給が逼迫《ひっぱく》して自給率は多少上昇している（内需の低迷で国産材生産額は増えていない）が、正常な経営環境には程遠い（図4－1、6－2）。間伐・枝打ちなどが放棄されるだけでなく、伐採後に後継樹を植えない「植栽放棄地」すら少なくないと聞く。このような伐採は国際的には違法な伐採となる。そのほか、間伐が遅れた森林は表面侵食を起こしやすい。また、次に述べるシカの食害が人工林でも深刻である。そして最大の問題は、林業の不振が長く

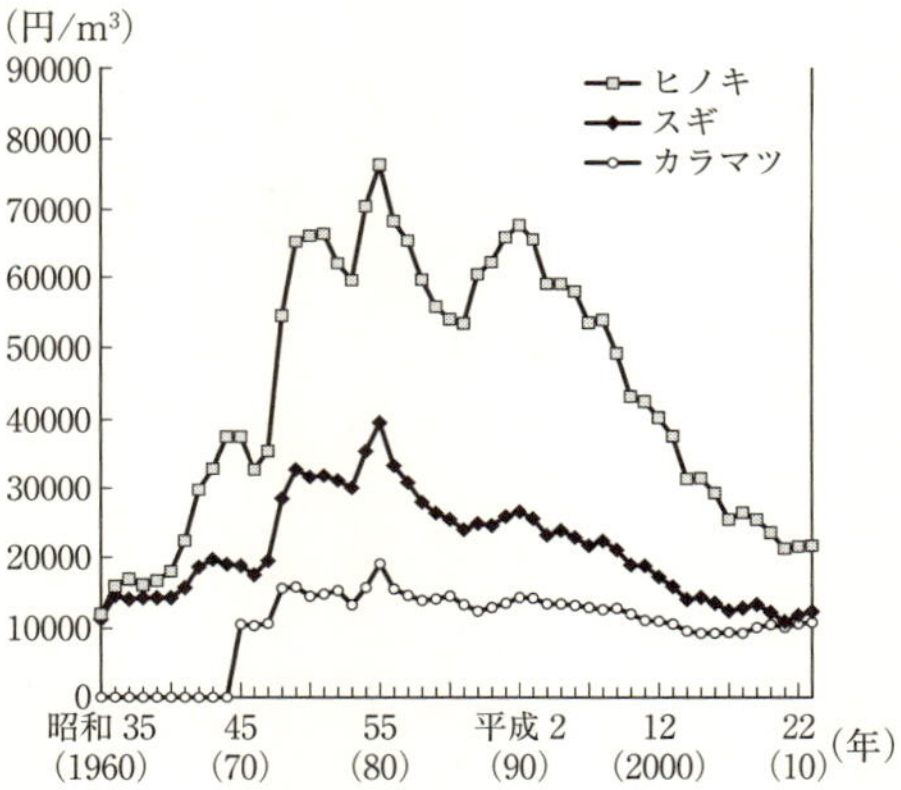

図 6-2　国産材の材価の変遷

続いたため、林業技術者が減少し高齢化したことと、森林所有者自身の林業への関心が薄れてしまったことだろう。これらは不在村森林所有者（所有する森林と違う市区町村に居住する人々）の増加もふくめて林業の建て直しに大きな障害となっている。

奥山を中心とした自然林はどうだろうか。近年はいわゆる生物多様性保全の問題として認識されている自然林（天然林・天然生林）の保全では、もはや異常繁殖ともいえるシカによる食害が最大の問題である。シカが下草や灌木を食べ尽くしてしまうことで、絶滅危惧種など貴重な動植物がまさに絶滅寸前にまで追い込まれている。植生は残っていても、それはシカの好まぬ種ばかりで構成されたものとなる。食害の深刻さは、環境省が指定する「原生自然環境保全地域」のまわりを電気柵で囲む必要があるほどだが、一部では表面侵食を発生させ、国土保全上の問題も引き起こしている。シカについては、捕獲その他による生息密度の管理が急務であることはよく知られているが、実行はきわめて困難であるとも聞く。関係者のいっそうの努力を願うばかりであるが、「自然はそのままほうっておくのが一番良い」という考え方を私たちが捨てる必要があることも確かである。

究極の花粉症対策とは

さて、これからわれわれ日本人は、量的には豊かだが質的には右のような問題を抱えた森林をどう管理していったらよいのだろうか。量的に豊かな森を活かす方法として、林業界では二〇〇九年十二月に決まった「森林・林業再生プラン」が二〇一一年以降実行段階に入っている。その方向性は正しいが、生産の効率のみを重視しているかに見える具体的方法には疑問も残る。

ほかにも、森林の生物多様性保全を具体的にどう進めていくかの問題もある。しかし、これらの具体的問題を本書で取り上げる余裕はない。けれどもこれからの森林管理の枠組みとしては、二〇〇一年に制定された「森林・林業基本法」が有効だと思うのでその理由だけを述べよう。なぜなら、再生プランが実行される段階になって、この理念から後退してしまうことを恐れているからである。

明治時代に始まった日本の近代化以降、森林行政は三つの曲がり角を経験した。

第一は、一八九七年の国土保全政策の推進を柱とした森林法の制定で、治水三法の一翼を担った。

第二は、一九六四年の（第四章の二で述べた）林業基本法の制定である。これは河川法の改正（一九六四年、新河川法と呼ばれる）や農業基本法の制定（一九六一年）とともに高度経済成長を支える役割を果たした。

そして第三は、二〇〇一年、地球環境問題を克服して持続可能な社会を構築することを森林・林業界が宣言したとも言える、まったく新しい概念を持ち込んだ森林・林業基本法の制定である。これは河川事業に正式に環境保全事業を組み込んだ新河川法の改正（一九九七年）、農業・農村の持続可能な発展を目指した食料・農業・農村基本法の制定（一九九九年）とともに、持続可能な社会をつくっていくための法体系と言える。

中でも、「森林整備の第一目的は森林の多面的機能の持続的な発揮である」とした森林・林業基本法は国民の要求に主導されてつくられたもので、その内容は画期的である。この法律の制定の三

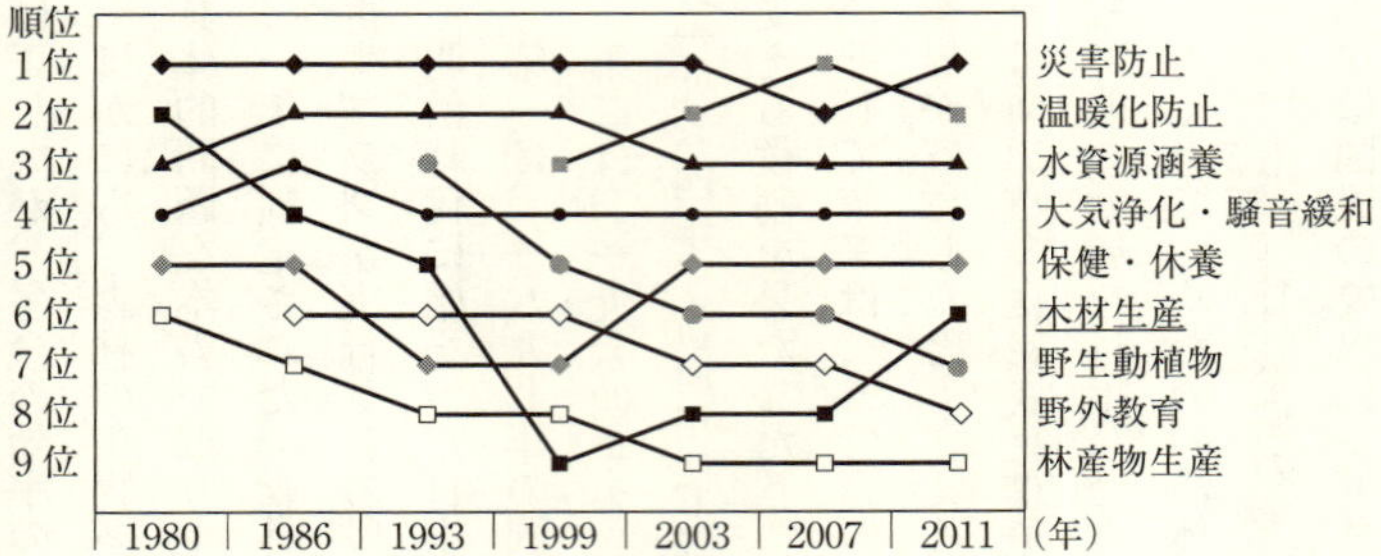

図6-3　国民が森林に期待する働き（林野庁『平成23年度森林・林業白書』より）

年前、当時三兆八千億円もの赤字をかかえていた国有林経営が国民の期待に応える形で抜本的に改革された。森林・林業基本法はその議論の延長線上で制定されたもので、森林に対する国民のニーズ（図6－3）を幅広く取り込んでいる。そのニーズが「森林の多面的機能」といわれるもので、地球温暖化防止や生物多様性保全を明確な形で取り込んでおり、木材生産機能はその一つとなっている。従来のように木材生産を特別扱いしていないのである（そのうえで、木材生産は森林のもつもっとも重要な機能であると考えるのが妥当であろう）。

「森林・林業再生プラン」は、この枠組みの中でかえって埋没してしまった感のある木材生産機能を立て直すためのカンフル剤として生まれたものと理解すべきである。したがって考え方の基本はあくまでも森林・林業基本法にある。なぜここでこのような話をしたかと言えば、木材生産を活発にしてもっとスギ・ヒノキを使わなければ、たとえば私たちにとって切実な花粉症の問題はいつまでも解決しないと思うからである。

花粉症は例の拡大造林時代のつけがまわってきたものである。

当時スギやヒノキの造林は林業にバラ色の夢を与えるものであった。誰も将来日本人がその花粉に悩まされるなどとは想像しなかった。そのころせっせと植えた苗木は、いま壮齢期を迎えて毎年花粉を大量に飛ばしている。

東京都は花粉症対策としてスギ・ヒノキを伐採して無花粉の苗木や花粉の少ない苗木、あるいは広葉樹の苗木の植栽をうながすため多額の予算を計上している。そのため東京都での木材生産はこの予算を当てにしたものが目立つほどで、花粉症対策と林業振興の双方に効果を上げている。しかし全国的には私たちが国産材をもっと使わなければ、苗木の植え替えは進まない。花粉症問題解決の先行きは暗いと思われる。考えてみれば、日本人は半世紀前まで森を頼りに生きてきた。森がなければ生きてこられなかっただけでなく、これだけの文化を築くこともできなかった。その森の恵みをまったく放棄して地下資源のみに頼るのはおかしい、かつての森林荒廃の時代に戻ることなく、森林を適切に保全し、利用しながら暮らすことこそ縄文時代以来の森の民・日本人の伝統であり使命ではあるまいか——森林・林業基本法の理念はこのことを謳っていると解釈したい。

森林の原理とは何か

この森林・林業基本法の制定に関連して、日本学術会議は、当時の農林水産大臣の諮問に応じて二〇〇一年に森林の多面的機能の評価等について答申した。この答申に私が積極的にかかわったのは右のような理由があったからである。私は森林の多面的機能をとりまとめるにあたり、これを持続的に発揮させるための「森林と人間の関係に関する『森林の原理』」を示し、これによって評価等を議論するよう提案し、採用された。この原理は環境原理、文化原理、物質利用原理の三つのサブ原理からなり、たとえば森林の環境保全機能を地球環境史の中での森林の役割もふくめて議論し、森林の文化機能を本書が扱った日本人と森林の関係をもとに考察するなどしており、国連のミレニアム生態系評価で二〇〇四年に提案された生態系サービス（生態系によって人類に提供される資源と公益的な影響）の内容説明と一致するところが多い。そして、二十一世紀の森林管理の原則すなわち「多面的機能の持続的な発揮」とは、対立する場面もある三つのサブ原理を同時にバランスよく発揮させ続けることであるとした（太田猛彦〔二〇〇五〕）。

その後私は地下資源を利用して築き上げた現代文明の本質を森林の視点から考察し、「新しい森林の原理」を提案した。ここでは、私たち人類が生きる地球表面の生物圏——地球表面のきわめて薄っぺらな空間——が、四十六億年に及ぶ地球環境の進化によって形成されてきた過程で、不必要なものとして地下に廃棄したもの（閉じ込めたもの）が地下資源であると考えた。したがって地下資源の利用は地球環境の進化の方向に逆行する行為とみなせる。このことから、持続可能な社会では地上資源の源である現太陽エネルギーを最大限利用することが必要であるとした。ここで主張したかったのは、木材資源を利用することは、単にそれがカーボン・ニュートラル（その行為が二酸化炭素の循環に影響しないこと）であるとか、化石燃料を代替するとかいう意味を超えて、もっと深い意味をもっているということであった。これら二つの森林の原理を表6－1に示す。

	森林の原理	新しい森林の原理
環境原理	森林は自然環境を構成する要素の一つであり、4億年にわたって現在の地球と地域の環境を形成してきた。したがって、環境保全機能は森林の本質的機能である	森林の環境保全機能が最大限活かされる社会が持続可能な社会である
文化原理	日本人の文化や民族性は森林との長いかかわりから生まれた。したがって、森林は日本人のこころに豊かさをもたらす	持続可能な社会を「こころ」の面から支える役割をもつ
物質利用原理	木材などの利用はもっとも効率のよい光合成生産物の利用であり、生活を豊かにする。しかし、とくに環境原理とトレード・オフの関係にある	持続可能な木材の生産・利用は現太陽エネルギーの合理的な利用法で、持続可能な社会におけるもっとも基礎的な資源である

表6-1　森林の原理と、新しい森林の原理

たとえば木造住宅を建てるということは、木のぬくもりのある家に住みたいとか、林業を復興させて少しでも山村の活性化に役立ちたいとかいうことを超えて、花粉症対策に役立ち、地球温暖化防止にも役立つということ、すなわち、私たちに身近な問題の解決にも持続可能な社会をつくるという人類の課題にも不可欠な行動であることを主張したかったからである。

二〇〇四年に私は「二十一世紀における森林の管理と利用」と題して、流域圏の中での森林の役割や、本書で扱った日本の森林の変遷・現状を正確に理解したうえでの「森林の原理」及び「新しい森林の原理」にもとづく管理と利用を提案しているが、現在もこの提案は有効である。なぜなら、現在の人類の最重要課題の一つである生物多様性保全に対しては森林の原理で対応すればよく、また同様のもう一つの課題である低炭素社会への寄与に対しては新しい森林の原理で対応すればよいからである。もちろん、林業・木材産業・山村の振興に寄与するための、高度技術を

適用した効率的な森林の管理と利用がなされるべきであり、その際に国民のニーズへの配慮が必要なのは当然である。以上が私の考えるこれからの森林管理の方向性である。抽象論に終止したが、詳細は別の機会に譲る。

また、地域の森林の管理を具体的に考える場合は、まず森には「護る森」と「使う森」があることを明確に意識することである。

護る森の第一は生物多様性保全の必要がある貴重な動植物の棲む森で、すでに大半がたとえば森林生態系保護地域などに指定されている。その重要性もよく知られている。護る基本はその地域のみを護るのみではなく、これをコアゾーンとすればそのまわりのバッファーゾーンも保全し、さらにそれを取り囲む人工林などの管理も第二のバッファーゾーンとして役立つように管理すべきである。第二は急斜面や高標高地に多い土砂災害を発生しやすい森である。多くは保安林に指定されているであろうが、人工林の中にそのような場所がある場合もあるので、その部分は禁伐林とすべきだろう。そして第三はやはり第二と同様の地域にある水源を護るための森であって、ここでも原則伐採禁止が妥当だろう。

一方使う森は人工林であるが、常に森林の多面的機能を意識した取り扱いが必要であることを知るべきである。そのことは森林・林業基本法の第九条「森林所有者等の責務」に明確に規定されている。「森林・林業再生プラン」を実行する場合、このことを肝に銘じて欲しい。従来の水源林の大部分は森林が劣化していた時代に比べると、前章で詳しく述べたように、現在はほぼ水源涵養機能を取り戻していると考えてよい。したがってこうした森では積極的に木材生産も行うべきである。森林施業にあたっては林床の攪乱を最小限に抑えることが肝要であり、この原則を守れば心配はないのである。

使う森の最後は、見放された里山を役に立つ森にすることである。たとえば、森林セラピーの森、レクリエーションの森、教育の森などとして利用することが考えられるだろう。

このように森にはそれぞれ適切な生かし方があることを知ったうえで、当該地域の森の特徴を科学的に調査し、「森林の機能の階層性」を考慮し、かつ関係者の合意形成を経て森のゾーニング（区分）を行って、それぞれ適切な施業を実施していくことになる。なお森林の機能の階層性とはある森にどのような機能を発揮させるかを考えるとき、私たちの自由意志で決められるわけではなく、立地条件によっておのずと発揮させるべき機能の順番が決まっていることをいう（詳しいことは巻末の参考文献を参照して欲しい）。

また、これからの森林管理をすべて森林・林業関係者や山村の人々にゆだねるわけにはいかない。国民全体からの支援や合理的な助成制度が不可欠なのである。前者に関しては、消費者が参加するＦＳＣ（Forest Stewardship Council：森林管理協議会）の森林認証制度や企業が行うＣＳＲ活動について私も若干のお手伝いをしている。後者に関してもやはり議論を進めているところである。

結局、新しい森づくりとは、ふたたび私たちの役に立つ森づくりである。森は保護するだけでよいわけではない。手入れが必要であり、できる限り使うべきなのである。森林の多面的機能を総合的かつ高度に発揮させることにより、持続可能な社会に貢献できるのである。役に立つ森づくりとはそのようなものでなくてはならない。日本人は何千年にもわたって森を使って生きてきた。その森を合理的に使って人類社会に貢献することは、日本人の務めでもあろう。

里山は選んで残せ

最後に、読者に身近な里山の将来について付言したい。往時の里山の再生がきわめて困難なことはすでに明らかであろう。人手をかけて森を徹底的に収奪しなければならないからである。割り切って、里山を稲作農耕森林社会の時代の歴史的遺産あるいは文化財と考え、地域を限定し、森林ボランティアなどの力を借りて〝収奪〟を試み、かつての里山の姿を維持するほかない。

近年、里山を保存しようという運動がさかんである。私も関東ローム層の台地の崖の斜面林や多摩丘陵その他の里山を保存するグループをいくつか知っている。どこでも保全活動に熱心なリーダーがいて頭が下がる。そして〝間伐〟が大切と考え、抜き伐りなどの手入れに汗をかいている。しかし、一般の人にとって樹齢五十年を超えた木を伐ることは難しく、また「もったいなくて伐る気になれない」という。しかし、かつての里山にそれほど大きな木はなかった。二十年も経てば待ちかねて伐採し、利用していたのである。つまり、間伐をしても大きな木が残っているなら、それは往時の里山の姿とはほど遠いことになる。かつての里山では、落葉や下草はおろか、灌木や高木の若芽まで刈り取っていた。だからこそ毎年春植物が咲き、清々しい里山が見られたのである。里山の保存がいかに困難であるかがわかるであろう。したがって、保存する里山を厳選し、一部に限定したうえで、昔の姿に戻し、それを維持するしかないのである。

残りは〝現代〟の里山としての環境林、保健林、レクリエーション林、教育林などとして維持していくことになろう。しかしこの場合も、管理はかなり難しい。その理由は、それぞれの目的にふさわしい森林を維持するためには、程度の差はあれ植生遷移の進行を止める〝継続的な管理〟が必要だからである。その管理方法に関しては多くの団体から有用な指導書が発行される時代になっている。しかし、このような使い道が見出せない場合、里山の森をどうすればよいのだろうか。

私は最近、低炭素社会が叫ばれる中で、里山の森であっても生物多様性を保全した木材生産林として役立つ道を探るべきだと主張している。里山の森は地味も豊かで樹木の成長も早く、また道路に近いので伐採・搬出が容易である。管理次第で十分人々の好む広葉樹林同様の機能を発揮させられる。ただしこのことを真に納得してもらうためには、先ほど述べた「新しい森林の原理」の中味をもう少し深く理解する必要があるだろう。

三　土砂管理の重要性

異常現象にどう立ち向かうか？

森林の劣化・荒廃による土砂災害や洪水氾濫、水不足が克服された新しいステージでは、自然災害が多発するという日本の国土本来の性質に起因する各種土砂災害の〝減災〟に努めるよう、山地保全事業をシフトさせる必要がある。その具体的対象は、たとえば深層崩壊のような、これまでのステージでは異常現象と考えられた巨大災害であろう。

私は以前から、表層崩壊が減少したからこそ深層崩壊が目立っているということや、地球温暖化にともなって異常豪雨が多発していること、地震活動や火山活動も活発化の兆候を見せていることなどを意識して、①総降雨量七百ミリメートルから八百ミリメートルを超す豪雨、②マグニチュード七・五以上の巨大地震、③火砕流やマグマ水蒸気爆発のような火山活動、の三つを対象とした「異常現象対策」の必要性を主張してきた。当初は地震の規模をマグニチュード八・〇とすることも考えたが、山地での直下型地震も考えられたので七・五に下げた経緯がある。それが二〇一一年の東北地方太平洋沖地震ではマグニチュードが九・〇に達し、まさに想定外となってしまった（太田猛彦〔二〇〇六〕）。

異常豪雨や巨大地震によって発生する深層崩壊対策について砂防学会では、ハード面よりもソフト面での対策を重視し、たとえば、①警戒・避難を徹底する、②変位や湧水を観測して予知する、③警報装置を整備する、④一時避難場所として頑丈なトンネルを活用する、⑤広域避難体制を整備する、などを提言した。砂防事業はもちろん、治山事業でも深層崩壊など異常現象への対応が不可欠となろう。異常現象の際、砂防事業では生命・財産の安全の確保が主目的になる。一方、治山事業ではダメージを受けた森林を修復することが目的となるだろう。巨大津波で破壊された海岸防災林の再生はその例で、森林を修復することによって防災機能を復活させようとするものである。なお異常豪雨では、崩壊面積が非常に大きい表層崩壊が発生する可能性もある。

一方、火山活動災害への対策としては、砂防事業関係を中心にすでに一九八九年から「火山砂防事業」がスタートしていたが、二〇〇七年からは火山噴火緊急減災対策も実施され、たとえば浅間山については一一〇八年及び一七八三年の巨大噴火のレベルを想定するところまで踏み込んだ、大規模火山活動に対するハザードマップの検討が始まっている。今後は全国の火山で対策が進むことを期待したい。砂防事業関係ではソフト面での対策として二〇〇〇年に土砂災害防止法が制定されたが、二〇一〇年の一部改正で、火山噴火対策や天然ダム対策が盛り込まれた。

なお、異常現象とは言えないが、新しいステージで注目すべき災害として流木による被害が浮上していることを付言しておく。

生物多様性を守るには

新しいステージでの山地保全事業の中で確実に重要な位置を占めると思われるもう一つの課題は、山地・渓流での生態系保全あるいは生物多様性保全である。

現代における生物多様性の喪失は、あらゆる地球環境問題が集約されて発生してきた。生物多様性の保全は、持続可能な社会の構築にとって地球温暖化の防止とともに最重点課題の双壁《そうへき》をなす。すでに河川法では、一九九七年の改正により河川事業の一つの柱として環境保全事業が取り入れられている。河川関係ではそれ以前の一九九〇年前後から、「多自然型川づくり」とか「近自然河川工法」などと称される生態系保全に配慮したモデル事業が始まっていた。二〇〇一年制定の森林・林業基本法では持続的に発揮させるべき森林の多面的機能の一つに生物多様性保全機能が組み込まれている（しかし本書では通常の森林生態系の保全については取り上げない）。一方、砂防法は一度も大幅改定されていないので、条文には明示されていないのかもしれないが、現実には山地・渓流の中の砂防区間の管理はすべて砂防部局に任されている。その区間の生物多様性の保全を当該事業が無視するわけにはいかず、実際にも実施例があるものと思われる。

このような山地・渓流の保全に関しては、一九九〇年代に砂防学会で総合的に検討されたことがあり、私もとりまとめに参加したが、このときは渓流生態系保全の原則として、①絶滅危惧種や希少種ばかりでなく普通種もふくめた生態系全体を保全する、②渓床《けいしょう》のダイナミクスを維持する、③土砂災害防止と両立する工法を工夫する、④渓流工事中の生物多様性保全に留意する、等を提言した。ここで渓流ダイナミクスの維持とは、土砂の移動を許すことである（太田猛彦ほか〔一九九九〕）。このころから山地保全事業においても生態系保全モデル事業が開始されている。今後は土砂災害防止効果と渓流生態系保全効果の双方の向上に資する渓流工事の推進が求められている。なお山腹工事では郷土種を用いた自然生態系回復が目標となろう。

右に述べたように、渓流生態系の保全のためには土砂の移動を許さなければならない。渓流より下流の河川区間でも事情は同じである。自然の渓流や河川は土砂の移動があるのが正常だからである。しかし前章の最後に述べたように、十七世紀以降二十世紀前半までは山地・森林の荒廃によって異常な土砂流出が続き、現在の新しいステージでは逆に土砂流出が十六世紀以前の状態よりもさらに減少している状態にあると推定される。一方、前章の五と六で詳しく述べたように、下流の河川区間あるいは砂浜海岸では侵食問題が深刻さを増している。かつてさかんであった河川区間での砂利採取がすでに（旧建設省の禁止によって）終了している現在、流出土砂が減ったのは、河川区間でのダムや堰《せき》による土砂の捕捉の影響であるという見方が強い。しかし今後は、山地・渓流からの土砂流出が減少することの影響が強まるだろう。これからは土砂流出をむしろ増加させる必要が出てくる。またこの意味では山地・渓流内に未満砂の砂防ダムが増加するのは好ましいとは言えなくなる。この点では最近の透過型の砂防ダムの増加は歓迎される。

　このように考えると、将来は山地・渓流から土砂を供給することが土砂管理の一部となろう。私は「砂防とは『土砂逸漏《いつろう》を防ぐ』の意味である」「砂防の極意は土砂の生産源で土砂流出を断つことである」と教えられながら学生時代を過ごした。まさにひとかけらの土砂でも出てこないほうが良い時代であった。しかし、こうした言葉は明確に否定されるべき状況が到来しており、このことが、私が「新しいステージ」と言う所以である。山地保全の新しいコンセプトは、土砂災害のないように山崩れを起こさせ、流砂系に土砂を供給することとなるのだろうか。少なくともそのような劇的な発想の転換が、新しいステージで要求されていることは間違いない。

新しいステージでは、治山事業が通常の森林管理の一翼を担うような体制にする必要がある。具体的に言えば、木材生産を管理の主目的としない森林を、責任をもって管理するということである。すなわち、環境保全のための森林（護る森）あるいは保健・文化機能を担う森林（使う森のうち木材生産林を除く森）の整備も、治山事業の範疇《はんちゅう》に入れてよいのではないか。むろん、低炭素社会に貢献するという意味で、可能な限りの木材生産を許容してよい。たとえば水源涵養機能を発揮させるべき森での持続可能な木材生産などが良い例である。一方の木材生産のための森林では、各種森林施業にともなう山地保全上のリスクを、治山技術で解消するべきであろう。その一部には林道などの保全や流木の発生源対策がふくまれる。ただしこれらの詳細はほかの機会に譲りたい。

四　海岸林の再生

海岸林が浮き彫りにした国土の変貌

本章は、東北地方太平洋沖地震津波により壊滅した海岸防災林の再生事業についてコメントすることで締めくくろう。

海岸林を再生する場所の立地環境は、マツ林が最初に植栽された時代と比較して大きく変貌していることを思い出して欲しい。

ここで、私も参加した前述の津波検討会が公表した、海岸防災林の再生についての基本的な考え方を紹介する。すなわち、海岸防災林の再生は、従来の海岸防災林の機能に加え、津波に対する減災機能も考慮して行うこととし、その再生計画は地域の実情を考慮するとともに地域の復興計画との整合性を図ること、さらに地域の生態系保全の必要性をふまえることなどを原則とした。そして、

①林帯幅はできる限り広く確保し、おおむね百五十メートルから二百五十メートルとする

②健全な根系《こんけい》の発達をうながし、津波に対して「根返り」しにくい健全な林帯を造成するため、植栽する場所が地下水面まで二メートルから三メートルになるような植栽基盤を造成する

③可能な場合は人工盛土を造成し（人工砂丘の造成）、その上に海岸防災林を植栽する

④植栽方法や密度管理、枝下高管理は水平的に変化させる（海側と内陸側で異なる）。樹種は抵抗性クロマツ（マツクイムシへの耐性をもつ）を主とするが、必要に応じ広葉樹も用いる

⑤災害廃棄物由来の再生資材を利用する

などとした。

この中でとくに海岸の環境変化に関係するのが④である。そこでこの点についてもう少し紹介すると、（1）森林の構成については、津波減災においては発達した根系、太くて丈夫な樹幹、厚い樹冠《じゅかん》（低い枝下高）が有効であるが、樹木そのものが被災を免れるためには枝下高が高いほうが有利である。（2）海側は飛砂防止のために低い樹高で密な樹冠が有効である。（3）一方陸側は林帯背後の防風効果を高めるため、十分な樹高を必要とし、場合によっては下層に広葉樹が存在するほ

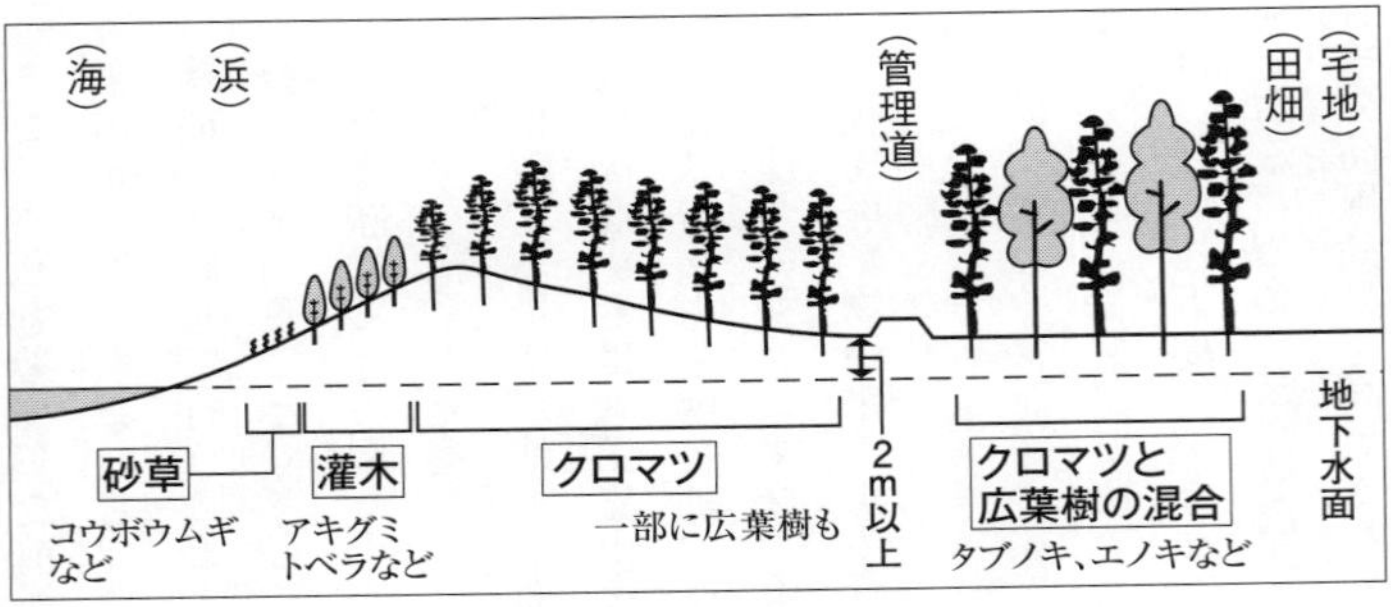

図6-4　海岸林の樹種構成

うがよい。また、(4)森林の構造は時間とともに変化する。したがって、森林内部のゾーニング(地域区分)、各ゾーンの樹種構成、植栽本数、施工時期、管理方法などを検討する必要がある等を提唱している(図6-4)。

海辺に広葉樹を植えるのか?

これらの中でもっとも悩ましいのが、植栽する樹種の選定である。海岸林は一般に成長が遅く、またときおり厳しい環境にさらされるので成長途中で枯損する場合も多い。枯損は後々まで影響が残ることから、失敗は許されない。したがって従来、海岸防災林の造成地は潮風、飛砂、砂浜、乾燥といった特有の環境条件下にあることから、樹種の選定はより慎重に行う必要があるとされてきた。現在の海岸林を構成するクロマツが歴史的には先人が苦労の末やっと見つけた樹種であることは、第三章の三で詳しく述べた。

ところが現在の砂浜海岸では海浜植物が成長し、砂丘の維持に除草が必要とされる地域がある。各地でクロマツ林の内部に広葉樹が侵入し繁茂している。とくに成長した海岸林の内陸側は広葉樹林化が著しい。原因はさまざまである。クロマツ林が潮風を防いでいることで塩害を免れること、燃料として松葉を収集しなくなり、腐植が蓄積して土壌が形成され始めたこと、マツノザイセンチュウの蔓延でクロマツの衰退に拍車がかかっていることなどである。しかしもっとも重要な原因は、これまで再三強調してきた海岸の環境の変化なのである。

海岸林の再生は新しい立地環境をふまえて行う必要がある。現在成林している海岸林が植栽された時期と比較すると、もっとも大きな環境の変化は飛砂の減少である。第二は先に述べた松葉掻きが行われなくなったことである。したがって林床に蓄積された落葉や腐植が砂に埋まることもない。この環境は広葉樹が成育しやすく、そうなるとクロマツにとっては不利な面も出てくる。広葉樹の苗木を植えれば育つ確率は以前に比べると大きくなった。広葉樹の導入を望む人達に「なぜクロマツだったのか、クロマツ以外でも成育するではないか」と言われたとき、ただ「そうですね」と相槌を打つだけではマツを苦労して育て維持してきた先人たちの労苦を無にすることになって悲しい。そうではなく、クロマツが海辺の環境に強いということを述べて反論すべきだろう。いかに立地環境が変わってきたとはいえ本質的に砂浜海岸という環境は厳しく、数百年来の方針をいま覆してすべてを広葉樹で解決できると楽観するわけにはいかない。それに、たとえば、マツにマツ枯れがあるように広葉樹にはナラ枯れの危険がつきまとう。マツについて現在日本各地で行われているような、病害に強い品種の育成を、広葉樹についても行う必要があるだろう。総合的に考えれば、やは

写真6-1　天橋立。美しいマツの海岸林の代表例（提供：毎日新聞社）

りクロマツの植栽に一日《いちじつ》の長があると思う。

今、海岸林を再生する目的は、まず防災林を造るということである。現在の海岸では飛砂は少なくなったが、潮風の強さは変わらない。むしろ温暖化による台風の巨大化なども予想されており、暴風や高潮などの脅威が増している。いつまた津波がやってくるかもわからない。しかもこれらはかなりの時間をおいて間歇的に襲ってくる。したがって数年、あるいは十数年安定的な環境が続いたからといって安心はできない。せっかく造成した海岸林が十年、二十年で破壊されたのでは何の意味もない。こうしたときにも確実に減災の機能を果たす海岸林を目指すべきである。

このように考えたとき、私は高木としては実績のあるクロマツを推奨する。とくに海側はクロマツに限るだろう。実績のない広葉樹をいきなり植栽することにはやはり不安を覚える。海岸林と日本人の関係史でも、伝承の時代から砂浜海岸にはマツが多かった。早くから海民が活動した地方ではその影響ですでにマツになっていたのではないかとの指摘も受けたが、それを差し引いてもマツが多かったと考えている。「白砂青松」は民族のマツへの愛着だけではなく、日本の砂浜海岸の自然条件にもっとも適した樹種であるという理由からも尊重されるべきであろう。

今、広葉樹を導入することは、従来に比べてはるかに容易だと言えるであろう。逆に、クロマツ林の維持はザイセンチュウの防除もあって困難がともなう。しかし失敗の許されない海岸防災林の造成には、依然として実績のあるクロマツ、とくに抵抗性クロマツが選ばれるべきである。そしてこれまでの議論を総合すると、

一、海側では飛砂・潮・強風などに耐え地表をカバーする砂草、地域に適した海浜性灌木、そして高木はクロマツに

二、内陸側では防風効果を高めるためもあって背の高い広葉樹も導入する

と提唱する検討会の報告は妥当なものと考えられる。

なお、現在の海岸マツ林を管理するうえでの一般的な問題点は、海岸林のほかの土地利用への転用や海岸林へのゴミ投棄、海岸への漂着ゴミの問題などに加えて、マツノザイセンチュウの防除や広葉樹の侵入・成長問題のほか、ニセアカシア対策や密生したマツ林の本数の調整であるという。これらの問題への対応策は、松葉掻きなどの手入れを継続的に実施すること以外にない。飛砂が少なくなった海岸ではなおさらのことである。つまり、海岸マツ林を維持するためには、伝統的な里山の維持管理と同様の心得が必要なのである。実際には保存の必要なマツ林を選定し、地域の人々が協力して維持していくほかはないだろう。

参考文献

愛知県　二〇〇〇『治山21世紀へのみち』愛知県尾張事務所林務課
朝日新聞社　二〇〇二『朝日百科日本の歴史2――中世の村を歩く〔新訂増補〕』朝日新聞社
有岡利幸　二〇〇四『ものと人間の文化史118　里山Ⅰ・Ⅱ』法政大学出版局
池谷浩　二〇〇六『「マツ」の話』五月書房
石井進・竹本豊重　一九八六「中世に村を訪ねて」(『朝日百科日本の歴史2』朝日新聞社)
宇多高明・酒井和也・星上幸良　二〇一二「侵食海岸を襲った二〇一一年大津波による護岸の破壊」(『水利科学　第三百二十五号』)
太田猛彦　一九九三「森林と侵食」(『砂防学講座第2巻　土壌の生成・水の流出と森林の影響』山海堂)
太田猛彦　一九九六「森林と水循環」(『森林科学　第十八号』)
太田猛彦　二〇〇五「森林の原理」(木平勇吉編著『森林の機能と評価』日本林業調査会)
太田猛彦　二〇〇六「土砂災害と今後の森林管理のあり方」(『森林科学　第四十七号』)
太田猛彦　二〇一〇「治山・砂防学の成立と展開」(農林水産奨励会『草創期における林学の成立と展開』農林水産奨励会)
太田猛彦　二〇一二「海岸林形成の歴史」(『水利科学　第三百二十六号』)
太田猛彦・高橋剛一郎編著　一九九九『渓流生態砂防学』東京大学出版会
岡本正男　二〇〇五『よくわかる砂防百科 vol.6　砂防行政の仕組み』全国治水砂防協会

岡山県　一九九七　『岡山県治山事業のあゆみ』岡山県
北村昌美　一九九六　「飛砂とたたかう文化遺産」（菅原聰編『森林』地人書館）
木村政生　二〇〇五　「式年遷宮と御杣山」（太田猛彦編著『宮川環境読本』東京農業大学出版会）
建設省河川局治水課・建設省土木研究所　一九九九　「河道特性に関する研究（その3）河床変動と河道計画に関する研究」
国土交通省国土技術政策総合研究所　二〇〇八　『日本におけるダムと下級河川の物理環境との関係についての整理・分析』国土交通省
国土緑化推進機構　二〇〇九　『全国植樹祭六十周年記念写真集』（社）国土緑化推進機構
佐々木松男　二〇一一　『高田松原ものがたり』陸前高田ロータリークラブ
宍倉正展　二〇一一　『次の巨大地震はどこか！』宮帯出版社
鈴木雅一　一九九四　「水・エネルギー循環と森林」（『'94森林整備促進の集い』日本治山治水協会）
祖田修・佐藤晃一・太田猛彦・隆島史夫・谷口旭　二〇〇六　『農林水産業の多面的機能』農林統計協会
只木良也　二〇一〇　『新版　森と人間の文化史』ＮＨＫブックス
タットマン、コンラッド　一九九八　『日本人はどのように森をつくってきたのか』熊崎実訳　築地書館
立石友男　一九八九　『海岸砂丘の変貌』大明堂
田中茂信・小荒井衛・深沢満　一九九三　「地形図の比較による全国の海岸線変化」（『海岸工学論文集第四十巻』）
千葉徳爾　一九九一　『はげ山の研究〔増補改定〕』そしえて
中島勇喜・岡田穣編著　二〇一一　『海岸林との共生』山形大学出版会
新潟県治山林道協会　一九九五　『新潟の海岸林』新潟県治山林道協会

日本学術会議　二〇〇一『地球環境・人間生活にかかわる農業及び森林の多面的な機能の評価について（答申）』日本学術会議
日本治山治水協会　一九九二『治山事業八十年史』日本治山治水協会
農林水産奨励会　二〇一〇『草創期における林学の成立と展開』農林水産奨励会
東日本大震災に係る海岸防災林の再生に関する検討会　二〇一二『今後における海岸防災林の再生について』林野庁
氷見山幸夫　一九九二「日本の近代化と土地利用変化」文部省（科学研究費重点領域報告書）
深谷克己　一九八七「家族農業の技術と生活」（『朝日百科日本の歴史73』朝日新聞社）
福嶌義宏　一九七七「田上山地の裸地斜面と植栽地斜面の流出解析」（『日本林学会論文集88』）
福田和彦　二〇〇一『東海道五十三次 将軍家茂公御上洛図』河出書房新社
藤田光一・山本晃一・赤堀安広　一九九八「勾配・河床材料の急変点を持つ沖積河道縦断形の形成機構と縦断形変化予測」（『土木学会論文集 No. 600』）
保安林制度百年史編集委員会　一九九五『保安林制度百年』日本治山治水協会
Bosch J. M. and Hewlett. J. D. 1982. A Review of Catchment, Experiments to Determine the effect of Vegetation Changes on Water Yield and Evapotranspiration, *Journal of Hydrology*. 55
道上正規・鈴木幸一・定道成美　一九八〇「斐伊川の土砂収支と河床変動の将来予測」（『京大防災研究所年報二十三号』）
三芳町立歴史民俗資料館・三芳町教育委員会　二〇〇六「三富新田の開拓」三芳町教育委員会
三井昭二　二〇一〇『森林社会学への道』日本林業調査会
依光良三　一九八四『日本の森林・緑資源』東洋経済新報社

あとがき

この本の表題を『森林飽和』と決めるとき、多少は躊躇があった。都会にいれば緑は少ないし、郊外に行けば相変わらず畑がつぶされ次々と建物が建っている。とてもではないが森林〝飽和〟のイメージはない。私自身、もっと緑を増やすべきだと思って発言もしてきた。何しろ遠い昔、日本の国土はほとんど森に覆われていて、それが日本の環境をつくっていたのだから。

しかし、一歩山に近づくと様相は異なる。木々はたくさんある。これは（本書で述べたように）決して当然のこととは言えない。だが、山に森があり木々がたくさんあることを、あたり前だと思っている人はどうやら少なくない。この思いこみに立って「森が減っているからどうしようか」と考えることと、「増えている森をどう扱おうか」と考えることとでは、その結論がまったく異なってくるだろう。これは私たちが国土をつくっていくうえで見過ごすことのできない問題である。

私がこのようなことを明確に意識し始めたのは一九八〇年代の終わりごろだったと思う。以来、意識的に「森は豊かになっている」「森が豊かになって国土環境が変わってきた」と発言してきたが、この主張が伝わったのはごく一部の人に限られていたように思う。

二〇一一年の巨大津波によって、それまであまり話題にならなかった海岸林というものがにわかに注目された。その海岸林を調べていくうちに、この数十年の国土環境の変化がこれほどまでに広範囲に影響を及ぼしているのかと私自身が驚くことになった。それは森林が回復して山に木がたくさんある、いわば〝森林飽和〟の影響ではないか。NHKブックスから出版を勧められたのはそのようなときだった。そこで、一九九〇年代から発言してきた内容に加えて、海岸林や海岸環境の部分を書き下ろして本書を刊行した。本書によって、これからの国土づくりに少しでも新しい視点を見出していただければ幸いである。

本書の刊行にあたり、短い期間に多くの方々に多大なご協力をいただいた。また、NHK出版の倉園哲氏、五十嵐広美氏にはお骨折りをいただき、向坂好生氏にもお世話になった。末筆ながら感謝の意を表したい。

二〇一二年七月一日

太田猛彦

太田猛彦——おおた・たけひこ

●1941年東京生まれ。東京大学大学院農学系研究科博士課程修了後、東京農工大学助教授を経て東京大学教授、東京農業大学教授を歴任。東京大学名誉教授。砂防学会、日本森林学会などで会長を歴任。日本学術会議会員、林政審議会委員を務め、現在FSCジャパン議長、かわさき市民アカデミー学長、みえ森林・林業アカデミー学長。専門は森林水文学・砂防工学・森林環境学。

●主な著書に『森と水と土の本』(ポプラ社)、『水と土をはぐくむ森』(文研出版)、編著に『渓流生態砂防学』(東京大学出版会)、『宮川環境読本——真の循環型社会を求めて』(東京農大出版会)、『ダムと緑のダム』(日経BP、監修)など。

NHKブックス［1193］

森林飽和　国土の変貌を考える

2012年7月30日　第1刷発行
2021年6月25日　第12刷発行

著　者　太田猛彦
発行者　森永公紀
発行所　NHK出版

東京都渋谷区宇田川町41－1　郵便番号150－8081
電話　0570－009－321(問い合わせ)　0570－000－321(注文)
ホームページ　https://www.nhk-book.co.jp
振替00110－1－49701
［印刷］三秀舎　［製本］三森製本所　［装幀］倉田明典

落丁本・乱丁本はお取り替えいたします。
定価はカバーに表示してあります。

ISBN978-4-14-091193-8 C1336

NHK BOOKS

＊地誌・民族・民俗

新版 森と人間の文化史　只木良也
森林飽和―国土の変貌を考える―　太田猛彦

＊社会

嗤う日本の「ナショナリズム」　北田暁大
社会学入門―〈多元化する時代〉をどう捉えるか―　稲葉振一郎
ウェブ社会の思想―〈遍在する私〉をどう生きるか―　鈴木謙介
新版 データで読む家族問題　湯沢雍彦／宮本みち子
現代日本の転機―「自由」と「安定」のジレンマ―　高原基彰
議論のルール　福沢一吉
「韓流」と「日流」―文化から読み解く日韓新時代―　クォン・ヨンソク
希望論―２０１０年代の文化と社会―　宇野常寛・濱野智史
ＩＴが守る、ＩＴを守る―天災・人災と情報技術―　坂井修一
団地の空間政治学　原 武史
図説 日本のメディア［新版］―伝統メディアはネットでどう変わるか―　藤竹 暁／竹下俊郎
ウェブ社会のゆくえ―〈多孔化〉した現実のなかで―　鈴木謙介
情報社会の情念―クリエイティブの条件を問う―　黒瀬陽平
未来をつくる権利―社会問題を読み解く６つの講義―　荻上チキ
新東京風景論―箱化する都市、衰退する街―　三浦 展
日本人の行動パターン　ルース・ベネディクト
「就活」と日本社会―平等幻想を超えて―　常見陽平
現代日本人の意識構造［第九版］　ＮＨＫ放送文化研究所 編

※在庫品切れの際はご容赦下さい。